DK 532.583.4:629.12:532.585

FORSCHUNGSBERICHTE
DES WIRTSCHAFTS- UND VERKEHRSMINISTERIUMS
NORDRHEIN-WESTFALEN

Herausgegeben von Staatssekretär Prof. Dr. h. c. Leo Brandt

Nr. 366

Prof. Dipl.-Ing. Wilhelm Sturtzel
Dipl.-Ing. Hermann Schmidt-Stiebitz
Versuchsanstalt für Binnenschiffbau e. V., Duisburg

Bei Flachwasserfahrten durch die Strömungsverteilung am Boden und an den Seiten stattfindende Beeinflussung des Reibungswiderstandes von Schiffen

Als Manuskript gedruckt

WESTDEUTSCHER VERLAG / KÖLN UND OPLADEN

1957

ISBN 978-3-663-03254-0   ISBN 978-3-663-04443-7 (eBook)
DOI 10.1007/978-3-663-04443-7

Forschungsberichte des Wirtschafts- und Verkehrsministeriums Nordrhein-Westfalen

Gliederung

I. Planung der Versuche . . . . S. 5

II. Durchführung der Versuche . . . . S. 5

    1. Plattenversuche . . . . S. 6

        a) Seitenplatte . . . . S. 6

        b) Bodenplatte . . . . S. 7

    2. Schiffskörpermodellversuche . . . . S. 8

III. Ergebnisse . . . . S. 9

    1. Plattenversuche . . . . S. 9

    2. Schiffskörperversuche . . . . S. 12

    3. Widerstandsvergleich zwischen Platten und Schiffskörpermodell . . . . S. 13

    4. Heckeinflüsse . . . . S. 15

    5. Tauchung . . . . S. 16

IV. Zusammenfassung . . . . S. 17

V. Literaturverzeichnis . . . . S. 18

VI. Anhang . . . . S. 19

    1. Flächen . . . . S. 19

    2. Tabellen 1-26 . . . . S. 20

    3. Abbildungen 1-39 . . . . S. 48

Forschungsberichte des Wirtschafts- und Verkehrsministeriums Nordrhein-Westfalen

I. Planung der Versuche

Plattenversuche

Nr. der
Vers.Reihe

1) Seitenwand beiderseitig glatt Eintauchung 0,2 m   Wasserhöhe 1,0 m   Kanalbreite 9,8 m   v = 0,2 bis 2,2 ms

2) Seitenwand beiderseitig rauh   "   "

3) Bodenplatte beiderseitig glatt UK Bodenplatte 0,4 m unter Wasserspiegel   "   "

4) Bodenplatte Oberseite glatt, Unterseite rauh UK Bodenplatte 0,4 m unter Wasserspiegel   "   "

5) Bodenplatte glatt Kontrollversuch ohne Strand   Wasserhöhe 1.Abschn. 2,65 m   2. " 1,0 m   Kanalbreite 3,0 m   v = 0,9 bis 1,9 m/s

6) Bodenplatte glatt mit Strand   Wasserhöhe 1.Abschn. 2,75 m   2. " 1,1 m   Kanalbreite 3,0 m   "   "

Schiffskörpermodellversuche

Tiefgang 0,2 m
Modellzustand

7.+ 9.) Boden glatt Seiten glatt   Wasserhöhe 0,3; 0,5; 1,0 m   v = 0,9 bis 2,1 m/s

10.+12.) Boden glatt Seiten rauh   " 0,3; 0,5; 1,0 m   "   "

13.+15.) Boden rauh Seiten glatt   " 0,3; 0,5; 1,0 m   "   "

16.+18.) Boden rauh Seiten rauh   " 0,3; 0,5; 1,0 m   "   "

II. Durchführung der Versuche

Die Reihenfolge der Versuche entsprach geringstem Zeitverlust für Modellumbau und Veränderung des Wasserspiegels. Für die Versuchsreihen 1 bis 6 blieb die anfängliche Planung maßgebend. Für die Versuchsreihen 7 bis 18 wurde der Modelltiefgang auf Grund anfänglich unbefriedigender Ergebnisse

Forschungsberichte des Wirtschafts- und Verkehrsministeriums Nordrhein-Westfalen

von 0,2 auf 0,16 m verringert und für die Versuchsreihen 7, 10, 13 und 16 die Wasserhöhe von 0,3 auf 0,338 m vergrößert.

1. Plattenversuche

a) Seitenplatte

Ein ebener Rahmen in senkrechter Stellung (Abb. 1) von 5 m Länge, 0,3 m Höhe und 2,8 cm Dicke mit je 20 cm langer Zuschärfung nach vorn und hinten und Abrundung nach unten ist zur Aufnahme der beiderseitig anzubringenden je 4,6 m langen und 0,25 m hohen 4 mm starken Holzhartfaser-Seitenplatten des Schiffskörpermodells gewählt worden. Die Platten wurden von Holzschrauben mit einer Teilung von etwa 2 cm am Rahmen gehalten. Ein 1 mm starker Perlonfaden quer zur Fahrtrichtung rundherum in 19 cm Entfernung von Bugspitze angebracht, diente als Stolperdraht. Die "glatte" Platte wurde nach einem Firnisvorstrich lediglich mit einem einfachen weißen Ölfarbenanstrich versehen, bei dem man weitflächig die Unebenheiten des Pinselstrichs mit dem Auge erkennen konnte. Die "rauhe" Platte wurde unmittelbar nach einem schnelltrocknenden Lackanstrich mit einem sorgfältig in den Grenzen 0,8 bis 1,25 mm ausgesiebten Quarzsandkorn so bestreut, daß keine freien Stellen übrigblieben. Die gleichmäßigste Belegung konnte durch gleichzeitiges, ohne große Phasenverschiebung ausgeführtes Streichen und Streuen bei Ansatz von zwei Mann erreicht werden. Nach einer eintägigen Trockenzeit wurde die einschichtige Sandoberfläche noch einmal mit demselben Lack übersprizt. Nach einem weiteren Tag war die rauhe Fläche genügend hart für die beabsichtigten Fahrten im Wasser. Der Übergang von der glatten Oberfläche der zugeschärften Rahmenenden zum erhabenen Sand wurde mit Plastellin hergestellt. Zur Aufhängung des Rahmens am Versuchswagen wurden zwei etwa 2 m lange Drahtpendel benutzt, um bei Ablesungen außerhalb des 0-Winkel-Bereichs vernachlässigbar kleine Höhendifferenzen im Tiefgang zu erhalten. Mit einigen Gewichten an den Aufhängepunkten bekam der Draht genügend Vorspannung für geraden Durchhang. Die üblichen Geradführungen sorgten für spielfreien Geradlauf parallel zu den Kanalwänden. Zur Einstellung und Kontrolle des genauen Tiefganges befanden sich vorn und hinten am Rahmen Wasserlinienmarkierungen. Verkantungen wurden nach Wasserwaage auf Querhölzern ausgetrimmt, die an Oberkante Rahmen angeordnet waren. Gemessen wurde wie üblich der Widerstand grob in Gramm und fein in mm

Pendelausschlag, wofür vor jedem Versuch eine Eichkurve aufgenommen wurde. Die Widerstände wurden vor jedem Versuch rechnerisch möglichst genau vorausbestimmt, um eine Feinablesung von nur wenigen mm zu erreichen. Die Messungen erfolgten in Geschwindigkeitsstufen von 0,2 m/s, nötigenfalls auf Zwischenstufen. In Geschwindigkeitsstufen von 0,5 m/s wurden die Wellenbilder maßstäblich zeichnerisch festgehalten.

b) Bodenplatte

Die Form der auswechselbaren Bodenplatten (Abb. 2) aus Holzhartfaser entsprach der Bodenkontur des Schiffskörpermodells. Sie verlief am Spiegelheck rechtwinklig ansetzend nach vorn zu mit geringfügiger Divergenz, behielt die größte Breite von etwa 0,2 L bis 0,75 L bei und zeigte dann eine parabelförmige Zuschärfung zum Vorsteven hin. Die Oberflächenbeschaffenheit "glatt" und "rauh" entsprach genau der eingangs bei den Seitenplatten beschriebenen. Ausgewechselt wurde hier aber lediglich die untere Platte, die obere blieb bei allen Versuchen glatt. Der 2,8 cm starke Rahmen war auch an seinem vorderen Ende rechteckig ausgebildet, wobei die von den auswechselbaren Platten nicht bedeckten Teile an den vorderen Ecken außen flacher und zur Mitte hin steiler zugeschärft waren. Bei der 3. und 5. Reihe war die Hinterkante bei 2,8 cm Dicke noch stumpf ausgebildet. Ab der 6. Reihe war an die Hinterkante ein keilförmiges, 20 cm langes Abschluß-Stück angeschlossen. Quer um die Platte war in 19 cm hinter Vorderkante der gleiche Stolperdraht wie bei der Seitenplatte gespannt. Für das Aufhängen des Rahmens zum Schleppen in 40 cm Wassertiefe (UK Platte) waren anfangs an jeder Seite 5 symmetrisch angeordnete etwa 30 mm breite und 5 mm starke Blechbänder mit abgerundeten Vorkanten vorgesehen. Zur Stützung der vorderen Rahmenecken wurden bei der 5. Reihe 2 Streben an die Vorkante des Rahmens versetzt und zwar an Steuerbord die 2. und an Backbord die 4. Strebe. Der Rahmen hatte bei diesen Versuchen aber schon soviel Wasser aufgenommen, daß sich an den Stellen der weggenommenen Streben ein mit dem Auge erkennbarer Plattendurchgang ergab. Deshalb wurden ab 6. Reihe zweimal 6 symmetrisch über die Länge verteilte Streben angebracht, wovon die hinteren beiden wegen Mangel an passendem Material 1,5 bis 2 mm stärker ausfielen. Gleichzeitig wurden zur Abgrenzung und Einengung des an den Streben bei Geschwindigkeiten über 1,5 m/s beobachteten Lufteinbruches kleine Luftscheiben in 1 cm Abstand unter Wasseroberfläche angelötet. Die Scheiben waren 0,5 mm stark und hatten

Forschungsberichte des Wirtschafts- und Verkehrsministeriums Nordrhein-Westfalen

vorn 5 mm Radius und hinten 18 mm. Um bei der Unterwasserfahrt des Modells möglichst keinen Auftrieb und keine Biegebeanspruchungen zu erhalten, wurden die Hartfaserplatten je Rahmenzelle mit je 2 kleinen Anbohrungen versehen, die die Luft entweichen ließen. Die Bodenplatte wurde am Meßwagen nach Wasserlinienmarken an den Streben und nach Wasserwaage justiert. Die Streben waren etwa 90 cm lang und an einen hölzernen Kastenträger angeschraubt. Die Pendelaufhängung des Rahmens und die Geradführung wurde vom Seitenplattenrahmen übernommen.

Sowohl die 10-Streben- wie auch die 12-Strebenanordnung wurde zum Abtrennen des Strebenwiderstandes ohne Bodenplattenrahmen gemessen und dabei die Bohrungen der Strebenenden mit Plastellin verschmiert. Die Wasseroberfläche war bei den Bodenplattenversuchen lediglich durch die von den Streben ausgehenden Wellen leicht gefurcht. Irgendwelche Wellen, die von der Bodenplatte herrühren könnten, waren nicht zu beobachten.

2. Schiffskörpermodellversuche

Der idealisierte Schiffskörper (Abb. 3) war eigens dazu ausgebildet, die bereits als ebene Platten geschleppten Seiten- und Bodenplatten aufzunehmen. Die Spanten verliefen oberhalb einer über die ganze Länge gleichmässig ausgebildeten Kimm mit 20 mm Radius völlig senkrecht. Der Schiffsboden besaß keine Aufkimmung und verlief vom Vorsteven bis 1 m vor dem Heck völlig horizontal, während das hintere Ende nach leicht abgerundetem Knick geradlinig schräg zur Unterkante Spiegel um 100 mm anstieg. Das Heck schloß mit senkrecht stehendem Spiegel ab. Zur leichteren Aufnahme des Wellenbildes waren an den glatten Seitenwänden Wasserlinien im Abstand von 2 cm aufgemalt. Die rauhen Seitenwände waren mit Marken in Höhe der Schwimmwasserlinie versehen. Die Schwimmlinie wurde freischwimmend mit eingelegten Gewichten ausgetrimmt. Die Widerstandsmessung und Geradführung wurde wie eingangs beschrieben vorgenommen. Außerdem wurden Tauchung und Trimm gemessen. Beim Eichen und für Grobgewichte bis zu 8 kg wurde ein Perlonfaden, für höhere Gewichte ein Stahldraht, benutzt. Der ursprünglich vorgesehene Tiefgang von 200 mm zeigte wegen zu starken Abreißens der Strömung am Spiegel einen zu steilen Widerstandsanstieg und wurde deshalb in der Folge auf 160 mm ermäßigt. Bei der ursprünglich geplanten Wasserhöhe von 300 mm setzt die Annäherung an die Schwallgeschwindigkeit zu früh ein und läßt daher die Widerstandskurve schon bei kleinen Geschwindigkeiten so erheblich ansteigen, daß sich kein brauchbarer Vergleich zu den übrigen Kurven ergibt. Daher wurde, wie schon erwähnt, nach den ersten Reihen eine etwas größere Wasserhöhe gewählt. Bei einer zufällig eingestellten Höhe von 338 mm lagen die Verhältnisse besser, so daß diese Höhe auch für die übrigen Reihen beibehalten wurde.

III. Ergebnisse

1. Plattenversuche

In dem Geschwindigkeitsbereich Re = 3 bis 4,5 · 10^6 stimmt der an der "glatten" <u>Bodenplatte</u> gemessene Reibungsbeiwert sehr gut mit dem aus früheren, sehr genauen Messungen hergeleiteten Gesetz von SCHLICHTING überein,

$$\text{für Re} = 4 \cdot 10^6 \text{ ist } R = \frac{0,455}{(\lg Re)^{2,58}} = 0,00349$$

Abbildung 4 - SCHLICHTING-Wert; Abbildung 5 - Meß-Wert.

Daraus kann geschlossen werden, daß die 2,8 cm starke und 5,2 m lange Platte keinerlei Formwiderstand besitzt und deswegen für den beabsichtigten Vergleich gut geeignet ist.

Der in Abbildung 5 vergleichsweise mit aufgetragene Widerstandsbeiwert der "glatten" <u>Seitenwand</u> ist auf die bis zur Konstruktionswasserlinie reichende Oberfläche bezogen und hat in demselben Geschwindigkeitsbereich einen um 2,8 bis 3,8 % höheren Wert. Dieser Unterschied kann dem Augenschein nach nur auf Einflüsse des Wellenwiderstandes zurückgeführt werden. Aus dem ermittelten Wellenbild (Abb. 6) errechnet sich eine Verkleinerung der benetzten Oberfläche von 0,37 bis 1 %. Das sind aber nur $\frac{1}{7,5}$ bis $\frac{1}{3,8}$ der gemessenen Werte. Die Erklärung mag in dem vergrößerten Reibungswert zu suchen sein, der sich aus der verzögerten Geschwindigkeit ergibt, mit der die (kurzabfallende) Bugwelle hinter dem unteren Kulminationspunkt in sehr langgezogener Bahn wieder ansteigt.

Das Wellenbild der "rauhen" Seitenwand (Abb. 6) ist entsprechend dem Druckanstieg des am Beginn der rauhen Wand liegenden Umschlagpunktes gegenüber dem Wellenbild der glatten Wand angehoben, wodurch sich die benetzte Oberfläche weniger als im Zustand "glatt" von der in Ruhe unterscheidet. Das Anheben ist gleichbedeutend mit Rückwärtsverschiebung der

Wendepunkte, die dem um 200 mm zurückgelegten rauhen Plattenrand hinter Eintrittskante des glatten Halterahmens größenordnungsgemäß entsprechen.

Der Widerstandsbeiwert der rauhen Seitenwand ist um 0,002 bis 0,0021 in dem vorher betrachteten Geschwindigkeitsbereich höher als der Beiwert der glatten Seitenwand. Eine zur SCHLICHTING-Kurve (Abb. 4) für glatte Wand durch die Meßwerte der rauhen Wand gezogene Parallele in Abbildung 4 würde in die von KEMPF (II) mit gleicher Korngröße bei höheren REYNOLD-Zahlen gemessenen Werte einmünden.

Da die Bodenplatte aus Vergleichsgründen mit dem Schiffskörpermodell nur mit rauher Unterseite aber glatter Oberseite gemessen worden ist, ist zum Vergleich mit den Reibungsbeiwerten der Seitenplatte (Abb. 5), die nur ganz glatt bzw. ganz rauh geschleppt wurde, der Mittelwert beider Beiwerte mitaufgetragen. Dieser deckt sich im Geschwindigkeitsbereich v=1,2 bis 1,9 m/s sehr gut mit dem der Bodenplatte.

Beim Betrachten der Beiwertskurven (Abb. 5) fallen einige Unstetigkeitsstellen ins Auge. Bei kleinen Geschwindigkeiten sind es ziemlich markante örtliche Widerstandsabsenkungen, die bei der Seitenwand spitzer aber verhältnismäßig nicht so stark auftreten als bei der Bodenplatte. Daß es sich bei den beiden verschiedenen Plattenarten trotz verschiedener Geschwindigkeit um dieselbe Erscheinung handelt, mag aus der Beziehung

$$\frac{v_1^2}{v_2^2} = \frac{h_1}{h_2} \; ; \quad \left(\frac{0,702}{0,01}\right)^2 = \frac{0,59}{0,99}$$

hergeleitet werden, worin h_1 die lichte Höhe der UK Bodenplatte über Kanalsohle und h_2 die Wasserspiegelhöhe im Falle der Seitenwand ist. Ohne die Erscheinung selbst zu diskutieren, deutet aber die Beziehung v prop $\sqrt{gh}$ auf parabelförmige Geschwindigkeitsverteilung der Höhe nach einmal bis zum Wasserspiegel im Kanal das andere Mal bis zur Unterkante der Bodenplatte hin. Der steile Widerstandsanstieg bei etwa v = 2 m/s ist ebenfalls ein Merkmal dafür, daß sich in dem durch die Unterseite der Bodenplatte begrenzten Kanal eine auf diese Höhe bezogene Schwallgeschwindigkeit ausbildet. Bei h = 0,59 m ist $v_{Schwall}$ = 2,4 m/s und somit der Beginn des Anstiegs bei 0,8 · $v_{Schwall}$, was sich mit den Schlepperfahrungen bei Flachwasserfahrzeugen deckt.

Der Kurvenknick im Beiwert der glatten Bodenplatte (Abb. 5) bei v = 1,3 m/s bzw. Re = $4,7 \cdot 10^6$ zeigt auffallende Übereinstimmung mit dem von SCHLICHTING (III) angeführten Sprung des Instabilitätspunktes von Laminarprofilen bei gleicher Re-Zahl um 70 % der Profillänge nach vorn. Nur wäre bei einer Vorverlegung eine Widerstandserhöhung zu erwarten, während hier zunächst eine Widerstandsermäßigung auftritt. Bei dem Vergleich mit der Schlichtingkurve (Abb. 4) im logarithmischen Maßstab erkennt man aber im weiteren Verlauf, daß der Beiwert nicht wie bei dieser abfällt, sondern konstant bleibt, was gleichbedeutend mit einer Zunahme des Reibungswiderstandes ist. Die vorübergehende Widerstandsabsenkung kann möglicherweise mit den verschiedenen Wasserhöhen über und unter der Bodenplatte (0,372 und 0,59 m) erklärt werden. Es könnte nämlich, wie es sich am Schiffskörpermodell später gezeigt hat, der Impuls bei der plötzlichen Vorverlegung des Instabilitätspunktes auf der einen Seite sich der anderen Seite mit umgekehrten Vorzeichen mitgeteilt haben, so daß kurzzeitig deren Instabilitätspunkt zurückwandert und den Widerstand vermindert. Wenn dem so ist, könnte man auf verschiedene Widerstandsbeiwerte für die glatte Ober- bzw. Unterseite infolge verschiedener Wasserhöhen über bzw. unter den betrachteten Oberflächen weiterschließen.

Ein ähnliches Ergebnis liefern die Kontrollversuche mit der glatten Bodenplatte im 3 m breiten und im vorderen Teil 2,65 m tiefen Seitenkanal (Abb. 7 und 8). Sie lassen durch kleinere Beiwerte (Abb. 7) tendenzmäßig erkennen, daß in den vorangegangenen Versuchen die Bodenplatte auch noch in 60 cm Höhe über Kanalsohle einem Einfluß beschränkter Wasserhöhe unterlegen war. Die Einengung der freien Wasseroberfläche durch einen nur im Bereich der Wasseroberfläche befindlichen vorspringenden festen Strand bei praktisch gleichem Kanalquerschnitt (Abb. 8) führte zu einer ähnlichen Beobachtung wie sie HELM [4] bei veränderlichen Neigungswinkeln der Uferböschung verzeichnet hat, nämlich zu einer Herabsetzung des Schiffswiderstandes in gewissen Geschwindigkeitsbereichen. In den übrigen Bereichen sind dagegen die Unstetigkeiten stärker ausgeprägt. Der Widerstandsanstieg bei Annäherung an die Schwallgeschwindigkeit (Abb. 7) zeigt im hinteren flachen Teil des 3 m breiten Kanals wieder den bekannten steileren Verlauf als im 10 m breiten Kanal.

2. Schiffskörperversuche

Der starke Widerstandsanstieg (Abb. 15) setzt bei Wasserspiegelhöhen von 0,5 m und kleiner ein, d.h. bei $t/T = 3$ wie bei früheren Untersuchungen.

Der Widerstandsanstieg über der Geschwindigkeit (Abb. 16 bis 29) ist bei allen Modellzuständen und Wasserhöhen durchaus nicht stetig. Es gibt in fast jeder Versuchsreihe eine Geschwindigkeit, bei der deutliche Spitzen- oder Doppelmessungen auftreten. Ähnlicher Kurvencharakter zeigt sich für mehrere untersuchte Wasserhöhen.

Deutlicher als in der Auftragung der Absolutwiderstände fällt diese Erscheinung bei den Widerstandsbeiwerten (Abb. 28) auf. Beim Modellzustand: Seiten glatt, Boden rauh - verhalten sich die Wasserhöhen wie die zu den Spitzen gehörigen Geschwindigkeitsquadrate

$$\frac{h_1}{h_2} = \frac{v_1^2}{v_2^2} \; ; \; \frac{0,5}{0,338} = \frac{1,47}{1,205}$$

Die Erscheinung läßt vermuten, daß auch unterhalb der Schwallgeschwindigkeit im Wasser Sprungerscheinungen auftreten, die jedoch weniger stark ausgeprägt sind.

Die Auftragung der Modellwiderstände (Abb. 23 und 24) für eine bestimmte Wasserspiegelhöhe bei verschiedenen Modellzuständen läßt von bestimmten Geschwindigkeiten an erkennen, daß bei $h = 0,338$ m sowohl für glatten wie für rauhen Modellboden und bei $h = 0,5$ m für glatten Modellboden die Widerstände unabhängig von der Seitenwandrauhigkeit zusammenlaufen. Für den letztgenannten Fall bei $h = 0,5$ m tritt beispielsweise Übereinstimmung ab $v = 1,43$ m/s aufwärts ein. Die dazugehörige Stauwellengeschwindigkeit liegt bei $v = 2,21$ m/s. Eine kurze Betrachtung führt zu der Auffassung, daß die in der Bugwelle erzeugte Übergeschwindigkeit gerade diese 55 % ausmacht und damit offensichtlich das verzögerte Grenzschichtprofil der rauhen Wand durch den Wassersprung ausgleicht, somit also keine Widerstandserhöhung gegenüber der glatten Wand aufkommen läßt. Die gemessenen Höhen der Bugwelle entsprechen den jeweiligen Staudrücken bei Berücksichtigung von Tauchung und Trimm. Das bergartig aufgestaute Wasser der Bugwelle wird mit der Abflußgeschwindigkeit eines offenen Gerinnes $v = \sqrt{gh}$ gegenüber dem ruhenden Wasser abzufließen versuchen.

Der Staudruck

$$q = \frac{g}{2} \cdot v^2 = 51 \cdot v^2 \; (kg/m^2) \quad \text{oder in anderer Dimension}$$

$$q = 51 \cdot 10^{-4} \cdot v^2 \; (kg/cm^2) \quad \text{Der Wasserdruck:}$$

$$1 \; kg/cm^2 = 10 \; m \; \text{Wassersäule} \quad \text{oder}$$

$$0,1 \; kg/cm^2 = 1 \; m \; \text{Wassersäule}$$

$$q \text{ entspricht } 51 \cdot 10^{-3} \cdot v^2 \; (m) \; \text{Wassersäule.}$$

Diese Höhe eingesetzt in $v = \sqrt{gh}$

$$v_{Bugw.} = \sqrt{9,81 \cdot 0,051 \cdot v^2} = 0,71 \cdot v_{Schw.}$$

Diese Geschwindigkeit vermindert sich noch um den cosinus des halben Zuschärfungswinkels der Wasserlinie = 0,77, so daß insgesamt ein Geschwindigkeitserhöhungsfaktor von 1,55 der Anströmgeschwindigkeit in der Bugwelle vorhanden sein dürfte.

3. Widerstands-Vergleich zwischen Platten und Schiffskörpermodell

Da der Instabilitätspunkt außerhalb des einen Sprungvorganges bei kleinen Geschwindigkeitsänderungen keinen größeren Wanderungen (SCHLICHTING S. 314) unterworfen ist, scheint es ein brauchbares Verfahren zu sein, durch Aufsuchen gleicher Widerstandsunterschiede zwischen glatt und rauh der einmal am Schiff und zum anderen als Platte geschleppten Wände (sei es Seite oder Boden) auf die an der Schiffswand vorhandene mittlere Geschwindigkeitsverteilung rückzuschließen.

Die Auftragung dieser Auswertung (Abb. 30 bis 33) soll eingehend betrachtet und nach einer Deutung gesucht werden. Es können bei der vorgenommenen Versuchsvariation jeweils unter Konstanthalten des einen Wandzustandes die Vorgänge an der anderen Wand untersucht werden. Aufgetragen sind als Abszisse die Schiffsgeschwindigkeiten, die denselben Widerstandsunterschied zwischen glatt und rauh wie das Schiff mit der entsprechenden Platte aufweisen. Die Kurven zeigen steile Spitzen und unstetigen Verlauf, lassen aber, wenn man sie mit Kurven verschiedener Potenzen von v vergleicht, erkennen, daß sie offensichtlich um bestimmte Mittellagen pendeln und zwar bei Wasserhöhe 1,0 m und 0,5 m um v und bei Wasserhöhe 0,338 m um v^2. Die Ausschläge nach unten sind fast durchweg ebenso steil wie nach oben. Da jeweils die Wasserhöhe konstant bleibt, sind die

Vorgänge dem Geschwindigkeitsgesetz im Kanal $v = \sqrt{gh}$ unterworfen. Ein der 2. Potenz von v angeglichener Verlauf, wie im Falle der Wasserhöhe 0,338 m wäre also, da v^2 proportional g, als beschleunigte Bewegung zu deuten, dementsprechend ein Abfall als Verzögerung. Die Kurven für die größeren Wasserhöhen zeigen streckenweise den gleichen Anstieg. Werden die Auswertungen der Versuche mit unterschiedlichen Rauhigkeiten an Boden und Seiten miteinander verglichen (Abb. 34 und 35), so erfolgt der Durchgang der Pendelbewegung durch die Mittellage fast immer bei denselben Geschwindigkeiten, jedoch in entgegengesetzten Richtungen. Der Eindruck einer vollkommenen Spiegelung um die Mittellagen v wird mitunter durch einige markante Spitzen verstärkt (Abb. 35, Wasserhöhe 1,0 m). Über weite Bereiche läßt sich sogar feststellen, daß sich das Maß der Pendelausschläge zu höherer und kleinerer Geschwindigkeit umgekehrt wie die betrachteten Flächengrößen von Seitenwänden und Boden verhalten. Die Erscheinung deutet auf wechselnde Impulse $m \cdot dv = P \cdot dt \cdot hin$, wobei m als impulsbehaftete Masse proportional den angeströmten Flächen zu setzen ist. Durch dieses Wechseln der Impulse wird offenbar ein Ausgleich zwischen Seitenwand und Boden herbeigeführt. Bei glatter Seitenwand (Abb. 32) und kleinen Geschwindigkeiten wie bei rauher (Abb. 30) und größeren Geschwindigkeiten ist kurzzeitig auch ein Anstieg mit der 1,5. Potenz der Geschwindigkeit zu bemerken, der auf laminare Strömung deutet, da der Reibungswiderstand [3, S.274] der längsangeströmten Platte im laminaren Bereich dieser Geschwindigkeits-Potenz proportional ist. Bildet man die Geschwindigkeitsfaktoren $\frac{v_{Platte}}{v_{Schiff}}$ und trägt sie über der Geschwindigkeit auf (Abb. 36 und 37), so kann bei der Bodenplatte die Tendenz zu größeren Faktoren mit abnehmender Wasserhöhe abgelesen werden. Die Aufzeichnung der Wellenform und -größe an der Schiffsseitenwand (Abb. 38) ergab keine über die eingangs behandelten Folgerungen hinausgehende Besonderheiten der Geschwindigkeitsverteilung am Schiff. Die Kopflastigkeit, im wesentlichen durch die wenig gedämpfte Bugwelle verursacht, (sie betrug bei den Versuchen Winkel von 20' bis 30') ließ den Schiffsboden mit der nur wenig darunterliegenden Kanalsohle einen langen Diffusor bilden, in dem bekanntlich leicht Ablöseerscheinungen auftreten können. Nach [5, S.194] kann selbst bei kleinen Erweiterungswinkeln ein Diffusor nicht beliebig lang sein. Vorübergehend wechselnde Ablösung setzt praktisch wie theoretisch nach Pohlhausen für lange Diffusoren bei Erweiterungsverhältnissen der Querschnittsflächen von $F_2/F_1=1,213$ ein, während kaum eine

Abhängigkeit vom Winkel zu erkennen ist. Ein Überschlag zeigt, daß der scharfe Sprung zu hohen Anströmgeschwindigkeiten (Abb. 33), der an der rauhen Bodenplatte bei einer Wasserhöhe von 0,338 m und v = 1,24 m/s auftritt, möglicherweise mit derartiger Diffusorwirkung erklärbar ist.

    Wasserhöhe   0,338 m
- Tiefgang   0,160 m
- Tauchung   0,030 m

mittl. Diffushöhe 0,148 m   Bei mittlerer Diff.-höhe von 0,148 m und einem Flächenverhältnis $\frac{F_2}{F_1}$ von 1,213 ergibt sich eine Höhendifferenz von Δh = 28,6 mm und damit ein Trimmwinkel α von $\frac{0,0286}{5,0}$ = 0,0057; $\alpha = \frac{0,0057 \cdot 60}{0,0174}$ = 20' wie angezeigter Trimm.

Bei Meßfahrten mit konstanter Geschwindigkeit wurden mehrmals zu- und abnehmende Vertrimmungen beobachtet, die vermutlich auf wandernde Ablösungspunkte der Strömung am Schiffsboden zurückzuführen sind.

Ein weiteres Beispiel gibt einen Anhalt dafür, daß auch bei einer Wasserhöhe von 0,5 m noch Diffusorwirkung auftreten kann. Bei dem Modell mit glatter Seitenwand (Abb. 32) trat bei v = 1,45 m/s eine plötzliche Geschwindigkeitszunahme auf.

    Wasserhöhe   0,500 m
- Tiefgang   0,160 m
- Tauchung   0,022 m

mittl. Diffushöhe 0,318 m   Bei mittlerer Diff.-höhe von 0,318 m und einem Flächenverhältnis von $\frac{F_2}{F_1}$ von 1,213 ergibt sich eine Höhendifferenz von Δh = 61 mm und damit ein Trimmwinkel α von $\frac{0,061}{5}$ = 0,0122; $\alpha = \frac{0,0122 \cdot 60}{0,0174}$ = 42'. Registriert wurde ein mittlerer Trimmwinkel von 30' (Abb. 39). Der Trimmverlauf zeigte an dieser Stelle eine Spitze, könnte in dieser also durchaus den errechneten Wert angenommen haben.

4. Heckeinflüsse

Am Heck des Schiffskörpers ist der Boden um 5° 45' gegen die Horizontale hochgezogen. Nach [3, S.419] findet der Beginn der Ablösung und Rückströmung der turbulenten Reibungsschicht in divergenten Kanälen bei halben Öffnungswinkeln von etwa 5° an statt. Bei 5° setzt Unsymmetrie der Geschwindigkeitsverteilung ein und bei 6° beginnt Rückströmung und Ablösung, also gerade bei dem Heckwinkel den das Modell bei den Versuchen aufweist, wenn man den Trimm von 0 bis 30' berücksichtigt. Der dadurch am Heck auftretende Druckanstieg dürfte seinerseits wieder geringfügig an der kopflastigen Vertrimmung des Modells beteiligt sein. Rückströmungen sind von HELM [4] (Rom 53) in mehr muldenförmigen Kanalquerschnitten an der Kanalsohle bei ähnlichen Wasserhöhen ($t/_T$ = 2,06 und 1,36) wie hier ($t/_T$ = 2,11 für 0,5 m Wasserhöhe) gemessen worden. Aus seinen Meßwerten läßt sich entnehmen, daß an den Stellen großen Rückstromanstiegs die Geschwindigkeitsquadrate im Verhältnis der Diffusorhöhen bis zum Schiffsboden standen.

$$\text{Diffusorhöhen} = \text{Wasserhöhen} - \text{Tiefgang}$$

$$h_1 = 5,32 - 2,58 = 2,74$$
$$h_2 = 5,32 - 3,90 = 1.42$$

$$\frac{v_1^2}{v_2^2} = \frac{h_1}{h_2} \;;\; \frac{3,06^2}{2,2^2} = \frac{2,74}{1,42}$$

Der Einfluß, den eine unter dem Heck begonnene Rückströmung auf den labilen Grenzschichtzustand im langen Diffusor mit kleinem Winkel ausübt, ist gut vorstellbar und ist offensichtlich mit verantwortlich für die vielen gemessenen Unstetigkeiten in der Geschwindigkeitsverteilung am Boden, die nicht minder bei Schiffsformen mit abgerundeter Kimm auftreten mögen. In dem beobachteten Wechselspiel dieser vor- und nacheilenden Bodenströmungen mit quadratischer Geschwindigkeitsverteilung ist eine Ähnlichkeit mit der bei zähen Flüssigkeiten auftretenden Couette-Strömung unverkennbar.

5. Tauchung

Zugleich mit den Trimmänderungen wurden die Tauchungen aufgemessen. Ihre zusammenfassende Darstellung auf Abbildung 39 zeigt einerseits deutlich die Zunahme der gemessenen Werte bei geringer werdender Wasserhöhe, sowie bei zunehmender Geschwindigkeit, andererseits ihre Unabhängigkeit vom Rauhigkeitsgrad der Oberfläche.

IV. Zusammenfassung

Die in der Begründung des Antrages aufgestellte These, aus dem Vergleich der Widerstandsdifferenzen bei verschiedener Oberflächenrauhigkeit an Platten und Schiffsaußenhaut, eine Methode zur Ermittlung der Geschwindigkeitsverteilung an der Schiffsoberfläche aufstellen zu können, hat sich als zutreffend erwiesen. Insbesondere war die getrennt vorgenommene Messung an Boden und Seitenplatten aufschlußreich für die Feststellung einer gegenseitigen Beeinflussung der sich dort ausbildenden Strömungszonen. Die Verwendung eines idealisierten Schiffskörpermodells mit weitgehend ebenem Boden gestattete die Beobachtung und Auswertung flachwasserbedingter Diffusor-Erscheinungen. Es hat sich als wertvoll und daher wünschenswert der weitere Ausbau dieser Methode durch Vornahme von Versuchen zur Ermittlung lokal begrenzter Strömungszustände am Schiff ergeben. Darüber hinaus weisen die Ergebnisse den Weg einer erfolgversprechenden Systematik in der experimentellen Behandlung des Form- und Reibungswiderstandes von Schiffen sowie zur Erforschung zahlreicher bisher noch nicht gelöster Probleme.

Prof. Dipl.-Ing. W. STURTZEL
Dipl.-Ing. H. SCHMIDT-STIEBITZ (Bearbeiter)

Versuchsanstalt für Binnenschiffbau e.V.
Duisburg
Institut an der Technischen Hochschule
Aachen

V. Literaturverzeichnis

[1] KEMPF, G.   Weitere Reibungsergebnisse an ebenen glatten und rauhen Flächen, Hydromech.Probl. des Schiffsantriebs Bd. 1 1932 - S. 74

[2] KEMPF, G.   Über den Einfluß der Rauhigkeit auf den Widerstand von Schiffen Jahrb.S.T.G. 1937- S. 159

[3] SCHLICHTING, H.   Grenzschichttheorie

4 WÖLTINGER, O.   Untersuchungen der Beziehungen zwischen Querschnittsgestalt und Strömungsgeschwindigkeit in einem Wasserlauf und dem Fahrwiderstand der Schiffe .... Deutsche Berichte zum XVIII.Intern.Schiffahrtskongr. Rom 1953 - S. 97

[5] ECK, B.   Techn. Strömungslehre, 4. Aufl. 1954

VI. Anhang

1. Flächen

	$L = 5{,}0$ m	F 5. u. 6. Reihe ohne Streben	$(5{,}97)$ m^2
	Bodenplatte $L = 5{,}2$ m	F 7. u. 8. Reihe ohne Streben $=$	$6{,}2$ m^2
	$L_{rauh} = 4{,}94$ m	F_{rauh} $=$	$2{,}677$ m^2

1.u. 4.R.	**Seitenplatte** $T = 0{,}2$ m	F_{gesamt} $=$	$2{,}16$ m^2
	$L_{ges.} = (5{,}4\text{m})$ $D_{rauh} = 4{,}97$ m	F_{rauh} $=$	$1{,}585$ m^2

nur 9.R.	**Schiffskörpermodell** $T = 0{,}2$ m	F_{gesamt} $=$	$4{,}55$ m^2
	$L = 5{,}0$ m	$F_{Bodenpl.}$ $=$	$2{,}677$ m^2
		$F_{Seitenpl.}$ $=$	$1{,}585$ m^2

10.R. u. ab 13.R. bis 26.R.	**Schiffskörpermodell** $T = 0{,}16$ m	F_{gesamt} $=$	$4{,}3236$ m^2
	$L = 5{,}0$ m	$F_{Bodenpl.}$ $=$	$2{,}677$ m^2
		$F_{Seitenpl.}$ $=$	$1{,}187$ m^2

2. Tabellen

Tabelle 1

Seitenwand	glatt	Versuchstag	12.4.56
Modellzustand:	einfacher Farbanstrich beidseitig	Wassertemp.	13,5° C
Stolperdraht:	1 mm ⌀ Perlonfaden beidseitig 190 mm von Bugspitze	Wassertiefe	1 m
		Wasser stehend	
Modelldicke	28 mm		

vorn und hinten zugeschärft
benetzte Oberfläche (ohne Wellen)

$$O = 2,16 \text{ m}^2$$
$$L = 5,4 \text{ m}$$
Tauchung 0,2 m

Vers. Nr.	V vorgegeben	V tatsächl.	Widerstand grob	fein	fein	gesamt	Widerstandsbeiwert ξ
	m/s	m/s	gr	mm	gr	gr	-
1	0,2	0,2166	100	− 11,5	− 90	10	ungültig
2	0,4	0,424	50	+ 4	+ 35	85	0,00426
3	0,6	0,6215	150	+ 2	+ 20	170	0,00398
4	0,8	0,812	280	− 1	− 10	270	0,00371
5	1,0	1,014	500	− 11	− 86	414	0,00365
6	1,2	1,217	580	0	0	580	0,00355
7	1,4	1,411	780	− 2	− 20	760	0,00346
8	1,6	1,542	970	− 8	− 65	905	0,003455
9	1,8	1,755	1200	− 6,5	− 53	1147	0,00337
10	2,0	1,993	1350	+ 12,5	+100	1450	0,00330
11	2,2	2,21	1800	− 5,5	− 45	1755	0,00325
12	1,7	1,689	1100	− 5	− 40	1060	0,00337
13	1,8	1,795	1150	+ 5,5	+ 45	1195	0,00337
14	0,84	0,853	280	+ 1	+ 10	290	0,00361
15	0,84	0,859	280	+ 1,5	+ 15	295	0,00363
16	0,92	0,912	320	− 1,5	− 15	305	0,00334
17	0,96	0,952	350	+ 1	+ 10	360	0,003605

Tabelle 2

10 Stützen für Bodenplatte	Versuchstag	13.4.56
0,4 m eintauchend	Wassertemp.	13,7° C
Bohrlöcher mit Plastilin gefüllt	Wassertiefe	0,988 m
Vorderkanten abgerundet	Wasser stehend	
keine Luftschotte		
Querschnitt 28 x 3 mm		

Vers. Nr.	V vorgegeben	V tatsächl.	Widerstand grob	fein	fein	gesamt	V^2
	m/s	m/s	gr	mm	gr	gr	m^2/s^2
1	0,2		90	+ 12,5	+157,5		
2	0,2	0,779	170	+ 5	+ 65	235	0,778
3	0,2	0,2135	50	- 1	- 12,5	37,5	0,0456
4	0,4	0,4134	100	- 2	- 26,3	73,7	0,1705
5	0,6	0,6146	160	+ 1	+ 13,8	173,8	0,378
6	0,8	0,814	235	+ 2	+ 26,3	261,3	0,663
7	1,0	0,996	350	+ 3	+ 38,8	388,8	0,992
8	1,2	1,212	520	+ 7	+ 88,9	608,9	1,47
9	1,4	1,416	900	+ 1	+ 12,5	912,5	2,01
10	1,6	1,583	1250	- 2	- 26,3	1223,7	2,51
11	1,8	1,795	1610	- 15	-188,8	1421,2	3,225
12	2,0	2,01	1700	- 8	-102	1598	4,04
13	2,2	2,207	1780	+ 14	+176,2	1956,2	4,87
14	1,65	1,642	1300	- 4	- 50	1250	2,70
15	2,3	2,312	2400	- 14,5	-183,6	2216,4	5,35
16	1,73	1,718	1350	- 1	- 12,5	1337,5	2,95
17	1,52	1,522	1100	+ 2	+ 26,3	1126,3	2,32
18	0,55	0,542	130	+ 1	+ 12,5	142,5	0,294
19	0,7	0,696	200	0	0	200	0,485

Tabelle 3

Bodenplatte glatt, UK Bodenplatte 0,4 m unter WO Vorderkante zugeschärft, Hinterkante stumpf Plattenmaße 5,0 x 0,57 x 0,028 m beidseitig einfacher Farbanstrich kein Stolperdraht. 10 Stü wie bei Tabelle 2 ohne Luftschotte benetzte Oberfläche der Platte F= 5,97 m²	Versuchstag 13.4.56 Wassertemp. t = 13,8°C Wassertiefe 0,988 m Wasser stehend

Vers. Nr.	V vorgegeben m/s	V tatsächl. m/s	Widerstand grob gr	fein mm	fein gr	gesamt gr	ζ -
1	0,2	0,2072	100	− 3,5	− 95	5	
2	0,4	0,404	100	+ 3,5	+ 95	195	0,00392
3	0,6	0,602	400	+ 4,5	+123	523	0,00475
4	0,8	0,805	950	+ 4,5	+123	1073	0,00544
5	1,0	1,011	1700	− 1,5	− 40	1660	0,00533
6	1,2	1,211	2400	+ 1	+ 25	2425	0,00544
7	1,4	1,407	3300	− 2	− 54	3246	0,00539
8	1,6	1,486	4200	− 23	−630	3570	0,00531
9	1,6	1,622	4200	− 4	−110	4090	0,005105 Ph.
10	1,8	1,8	5000	+ 1	+ 25	5025	0,00510
11	2,0	2,005	6200	+ 2	+ 55	6255	0,00511 Ph.
12	2,2	2,206	7600	− 0,5	− 12	7588	0,00511 Ph.
13	1,55	1,547	3800	− 2,5	− 68	3732	0,00511
14	0,9	0,871	1650	− 17,5	−480	1170	0,00506
15	0,7	0,6955	750	+ 1,5	+ 40	790	0,00537
16	0,75	0,746	850	+ 1,5	+ 40	890	0,00524
17	0,65	0,646	580	+ 3	+ 80	660	0,00519
18	0,94	0,945	1500	− 2,5	− 68	1432	0,00527
19	0,84	0,842	1100	+ 2	+ 55	1155	0,00534
20	0,89	0,8922	1200	+ 2,5	+ 68	1268	0,00522
21	0,62	0,607	550	+ 2	+ 55	605	0,0054
22	0,58	0,574	550	− 0,5	− 15	535	0,00532
23	0,5	0,496	450	− 0,75	− 20	430	0,00574

Tabelle 4

Seitenwände rauh	Versuchstag	13.4.56
beidseitig 1 mm ⌀ sandrauh	Wassertemp.	13,7° C
Tauchung 0,2 m	Wassertiefe	0,988 m
Rahmen wie bei Tabelle 1	Wasser stehend	
Stolperdraht wie bei Tabelle 1		

Vers. Nr.	V vorge- geben	V tatsächl.	Widerstand grob	fein	fein	gesamt	ζ	
	m/s	m/s	gr	mm	gr	gr	-	
1	0,2	0,1776	50	- 2,5	- 34	16		
2	0,4	0,4035	100	- 0,5	- 10	90	0,00503	
3	0,6	0,601	200	+ 1,5	+ 20	220	0,00551	
4	0,8	0,812	390	- 0,5	- 10	380	0,00523	
5	1,0	1,013	590	+ 3,5	+ 45	635	0,005615	
6	1,2	1,216	900	+ 1	+ 15	915	0,00562	Ph.
7	1,4	1,4205	1250	- 1,5	- 20	1230	0,00553	Ph.
8	1,6	1,655	1600	+ 5,5	+ 70	1670	0,00553	Ph.
9	1,8	1,809	2150	- 11,5	-145	2005	0,00557	
10	2,0	2,011	2500	- 2,5	- 34	2466	0,00552	
11	2,2	2,221	3000	0	0	3000	0,00550	
12	0,9	0,882	550	- 8,5	-108	442	0,00516	
13	0,7	0,711	300	- 0,5	- 10	290	0,0052	
14	0,95	0,96	600	- 3,5	- 45	555	0,00547	
15	0,63	0,6115	240	- 2	- 25	215	0,00522	
16	0,55	0,546	200	- 3	- 38	162	0,00494	
17	0,48	0,476	150	- 1,5	- 20	130	0,00522	
18	0,4	0,3961	90	- 1	- 15	75	0,00433	

Tabelle 5

Bodenplatte glatt, Platte auf Anreiß- platte montiert, UK Bodenplatte 0,4 m unter WO, Vorderkante zugeschärft Hinterkante stumpf Plattenmaße 5,0 x 0,57 x 0,028 m, beidseitig einfacher Farbanstrich, Stolperdraht 1 mm ⌀ Perlonfaden, beidseitig 190 mm hinter Bugspitze 10 Stützen, vorderste Stützen halten die Zuschärfung, keine Luftschotte, benetzte Oberfläche der Platte F = 5,97 m²	Versuchstag 14.4.56 Wassertemp. 13,7° C Wassertiefe 0,990 m Wasser stehend

Vers. Nr.	V vorgegeben m/s	V tatsächl. m/s	Widerstand grob gr	fein mm	fein gr	gesamt gr	ξ
1	0,2	0,1955	50	+ 2	+ 40	90	0,00775
2	0,3	0,31	100	+ 4	+ 75	175	0,00597
3	0,4	0,4089	300	0	0	300	0,00589
4	0,5	0,509	450	+ 1	+ 20	470	0,00595
5	0,6	0,6038	580	+ 4	+ 75	655	0,0059
6	0,7	0,7039	900	- 2	- 36	864	0,00572
7	0,8	0,8068	1100	+ 1	+ 20	1120	0,00565
8	0,9	0,899	1400	- 3	- 60	1340	0,00545
9	1,0	1,01	1650	+ 1	+ 20	1670	0,00538
10	1,2	1,215	2400	- 2	- 40	2360	0,00523
11	1,4	1,42	3200	+ 3	+ 60	3260	0,00531
12	1,6	1,526	4300	- 21	-414	3886	0,00548
13	1,8	1,819	5400	- 7	-135	5265	0,00522
14	2,0	2,00	6500	- 10	-195	6305	0,005165
15	2,2	2,209	7600	+ 1	+ 20	7620	0,00513
16	1,6	1,579	4800	- 40	-785	4015	0,00530

Tabelle 6

| Bodenplatte rauh
Platte auf Anreißplatte montiert
UK Bodenplatte 0,4 m unter WO
Vorder- u. Hinterkante zugeschärft
Plattenmaße 5,2 x 0,57 x 0,028 m
oben einfacher Farbanstrich
unten 1 mm ⌀ sandrauh
Stolperdraht 1 mm ⌀ Perlonfaden
beidseitig 190 mm hinter Bugspitze
12 Stützen symmetrisch
die letzten beiden Stützen 5 mm stark
Luftschotte { 0,5 mm starkes Blech
10 mm unter WO
"vorderer Radius 5 mm
"hinterer Radius 18 mm | Versuchstag 16.4.56
Wassertemp. 14°C
Wassertiefe 0,99 m
Wasser stehend |

Vers. Nr.	V vorge-geben	V tatsächl.	Widerstand grob	fein	fein	gesamt	ζ	
	m/s	m/s	gr	mm	gr	gr		
1	0,2	0,193	100	− 1,5	− 28	72	0,0061	
2	0,3	0,3072	180	+ 1,5	+ 28	208	0,00699	
3	0,4	0,395	370	− 1,5	− 28	352	0,00714	
4	0,5	0,502	550	+ 1,5	+ 28	578	0,00726	
5	0,6	0,502	830	− 12,5	−250	580		
6	0,6	0,6039	830	− 2	− 36	794	0,00688	
7	0,7	0,707	1100	− 2	− 36	1064	0,00674	
8	0,8	0,806	1400	− 2	− 36	1364	0,00662	
9	0,9	0,905	1700	0	0	1700	0,00656	
10	1,0	1,003	2100	− 0,5	− 9	2091	0,00657	
11	1,2	1,214	3000	+ 1	+ 18	2982	0,00645	
12	1,4	1,414	4000	+ 5,5	+110	4110	0,00651	
13	1,5	1,514	4700	− 2	− 36	4664	0,00642	Ph.
14	1,6	1,495	5300	− 31,5	−635	4665	0,00659	Ph.
15	1,6	1,605	5300	− 6	−120	5180	0,00635	
16	1,8	1,804	6500	+ 0,75	+ 14	6514	0,006325	
17	2,0	2,005	8100	− 1	− 18	8082	0,00636	
18	2,2	2,212	9800	+ 6	+120	9920	0,00642	

Tabelle 7

Bodenplatte glatt	Versuchstag	16.4.56
Zustand wie Tabelle 6	Wassertemp.	14°C
beidseitig einfacher Farbanstrich	Wassertiefe	0,99 m
	Wasser stehend	

Vers. Nr.	V vorgegeben	V tatsächl.	Widerstand grob	fein	fein	gesamt	ζ
	m/s	m/s	gr	mm	gr	gr	
1	0,3	0,312	170	+ 1	+ 25	195	0,00633
2	0,5	0,505	550	- 2	- 45	505	0,00626
3	0,6	0,611	720	- 4	- 84	636	0,00538
4	0,7	0,704	860	0	0	860	0,00548
5	0,8	0,806	1100	+ 1	+ 25	1125	0,00545
6	0,9	0,906	1400	- 1	- 25	1375	0,00531
7	1,0	1,012	1700	+ 1	+ 25	1725	0,00532
8	1,2	1,218	2500	- 2	- 45	2455	0,00525
9	1,4	1,309	3300	- 22	-456	2844	0,00525
10	1,4	1,408	3300	- 3	- 65	3235	0,00517
11	1,52	1,549	3800	0	0	3800	0,00501
12	1,6	1,61	4200	- 6	-125	4075	0,00498
13	1,8	1,812	5000	+ 6	+125	5125	0,00494
14	2,0	2,031	6300	+ 3	+ 65	6365	0,00487
15	2,2	2,201	7700	+ 10	+210	7910	0,00514
16	2,2	2,2	7700	+ 10	+210	7910	
17	2,12	2,128	7600	- 17	-355	7245	0,00504
18	2,3	2,331	8500	+ 7	+145	8645	0,00503

Forschungsberichte des Wirtschafts- und Verkehrsministeriums Nordrhein-Westfalen

Tabelle 8

12 Streben für Bodenplatte	Versuchstag	16.4.56
Zustand wie bei Tabelle 6 u. 7	Wassertemp.	14°C
ohne Bodenplatte	Wassertiefe	0,99 m
Bohrlöcher mit Plastilin verklebt	Wasser stehend	

Vers. Nr.	V vorge- geben	V tatsächl.	Widerstand				V^2
			grob	fein	fein	gesamt	
	m/s	m/s	gr	mm	gr	gr	m^2/s^2
1	0,3	0,2925	50	+ 2	+ 40	90	0,0857
2	0,4	0,3832	120	0	0	120	0,147
3	0,5	0,4975	150	+ 1	+ 20	170	0,2475
4	0,6	0,608	200	+ 1	+ 20	220	0,37
5	0,7	0,709	250	+ 2	+ 40	290	0,501
6	0,8	0,81	320	+ 3	+ 60	380	0,657
7	1,0	1,005	480	+ 4	+ 80	560	1,01
8	1,2	1,21	760	+ 4	+ 80	840	1,46
9	1,4	1,405	1150	+ 3	+ 60	1210	1,98
10	1,5	1,501	1350	+ 1	+ 20	1370	2,25
11	1,6	1,5925	1450	0	0	1450	2,54
12	1,7	1,7025	1550	+ 5	+100	1650	2,9
13	1,8	1,7975	1750	+ 5	+100	1850	3,23
14	1,9	1,8975	2100	+ 2	+ 40	2140	3,6
15	2,0	2,009	2450	- 4	- 80	2370	4,04
16	2,1	2,109	2500	- 2	- 40	2460	4,45
17	2,2	2,209	2550	+ 9	+180	2770	4,89

Tabelle 9

Schiffskörpermodell	Versuchstag 2.5.56
Tiefgang 0,20 m	Wassertemp. t = 13,8°C
Zustand Boden ⎫ glatt Seiten ⎭	Wassertiefe 0,30 m Wasser stehend
glatt: einfacher Farbanstrich Beginn mit 1 Stolperdraht 1 mm ∅ Perlonfaden in x=400 mm hinter Bug Dann 2. Stolperdraht in x=170 mm hinter Bug	Tr = Trimm k = kopflastig st = steuerlastig T = Tauchung + = eintauchen − = austauchen

Vers. Nr.	V tatsächl	Widerstand					Widerstandsbeiwert
		grob	fein	fein	Tr.	T	gesamt	
	m/s	gr	mm	gr		mm	gr	−
1	0,938	1050	+100	+178	5'k	+ 15	1228	1 St.
2	0,886	1200	+100	+178	2,5'k	+ 12	1378	0,0073
3	1,104	2300	+ 30	+ 54	8'k	+ 22	2354	Ph. 0,00805
4	1,206	3600	~200					2 x Ph.
5	1,203	4000	− 80	−143	18'k	+ 34	3857	0,0111
6	(1,3)	7500				+ 40		2 St.
7	1,305	8000	− 75	−134	5'k	+ 53	7864	0,01925
8	1,358	10500	+ 60	+107	27'st	+ 52	10607	0,024
9	1,396	13500	− 75	−134	52'st	+ 44	13366	0,0286
10	1,457	17500	−170	−305	50'st	+ 55	17195	
11	1,51	20500		≈500				

Tabelle 10

Schiffskörpermodell	Versuchstag 2.5.56
Tiefgang 0,160 m	Wassertemp. t = 13,8°C
Zustand Boden } glatt Seiten	Wassertiefe 0,3 m Wasser stehend
2 Stolperdrähte 1 mm ⌀ Perlon	Tr = Trimm k = kopflastig St = steuerlastig T = Tauchung + = eintauchen − = austauchen

Vers. Nr.	V tatsächl.	Widerstand						Widerstandsbeiwert
		grob	fein	fein	Tr.	T	gesamt	
	m/s	gr	mm	gr		mm	gr	
1	0,885	1000	+ 65	+108	2,5'k	+ 9	1108	0,00645
2	1,089	1800	+ 50	+ 83	8'k	+ 14	1883	0,00724
3	1,204	2800	+ 25	+ 41	15'k	+ 24	2841	0,00893
4	1,313	4500	+ 70	+116	~18'k	+ 37	4616	0,0122
5	1,377	6500	+ 3	+ 5	10'st	+ 35	6505	Ph. 0,0156
6	1,468	10000			37'st	+ 32		
7	1,458	10500	− 70	−116	55'st	+ 40	10384	0,0222
8	1,508	14000	−170	−283	60'st	+ 35	13717	0,0275
9	1,506	13500	−140	−233	45'st	+ 40	13267	Ph.

Tabelle 11

Bodenplatte glatt	Versuchstag	2.5.56
UK Bodenplatte 0,4 m unter WO	Wassertemp.	t = 13,8°C
Zustand wie bei Tabelle 7	a) Wassertiefe ohne Strand	2,65 m
	Breite	3,00 m
	b) Wassertiefe ohne Strand	1,00 m

Vers. Nr.	V tatsächl.	Widerstand grob	fein	fein	gesamt	Widerstandsbeiwert
	m/s	gr	mm	gr	gr	−
1	0,882	1350	− 4 t − 6 fl	− 65 −105	1285 1245	
2	1,0	1700	− 6 t − 5 fl	−105 − 85	1595 1615	
3	1,203	2350	− 2 t + 1 fl	− 30 + 15	2320 2365	Ph.
4	1,397	3150	− 4 t 0 fl	− 65 0	3085 3150	
5	1,506	3650	− 8 t − 1 fl	−140 − 15	3510 3635	
6	1,582	3950	− 7 t 0 fl	−120	3830 3950	
7	1,785	4500	+17 t +22 fl	+305 +395	4805 4895	3 Str.
8	1,915	5600	− 2 t + 5 fl	− 30 + 85	5570 5685	
9	2,01	6300	− 4 t + 6 fl	− 65 +105	6235 6405	
10	2,095	7000	+21 t +28 fl	+375 +505	7375 7505	

Tabelle 12

Bodenplatte glatt	Versuchstag	2.5.56
UK Bodenplatte 0,4 m unter WO	Wassertemp.	t = 13,8°C
Zustand wie bei Tabelle 11	a) Wassertiefe mit Strand	2,75 m
	Breite	3,00 m
	b) Wassertiefe ohne Strand	1,00 m

Vers. Nr.	V tatsächl.	Widerstand grob	fein	fein	gesamt	Widerstandsbeiwert
	m/s	gr	mm	gr	gr	—
1	1,185	2350	− 2,5 t − 9 fl	− 40 −160	2310 2190	
2	1,395	3400	−24 t −18 fl	−430 −320	2970 3080	
3	1,585	3900	−10 t − 5 fl	−175 − 85	3725 3815	
4	1,8	4700	+30 t +30 fl	+540 +540	5240 5240	
5	1,996	6400	−28 t −28 fl	−500 −500	5900 5900	
6	2,09	6800	−10 t ∼ 0 fl	−175	6625 ∼6800	
7	1,9	5500	−12 t − 5 fl	−195 − 85	5305 5415	

Tabelle 13

Schiffskörpermodell	Versuchstag 3.5.56
Tiefgang T = 0,160 m	Wassertemp. t = 14°C
Zustand Boden } glatt Seiten	Wassertiefe 0,5 m Wasser stehend
	Tr = Trimm k = kopflastig st = steuerlastig
	T = Tauchung + = eintauchen − = austauchen

Vers. Nr.	V tatsächl.	Widerstand						Widerstandsbeiwert
		grob	fein	fein	Tr.	T	gesamt	
	m/s	gr	mm	gr		mm	gr	—
1	0,879	1000	+ 5	+ 5	2'k	+ 6	1005	0,00595
2	1,086	1600	0	0	7'k	+ 2	1600	0,00618
3	1,202	2100	− 15	− 16	9'k	+ 6	2084	0,00658
4	1,313	2900	− 10	− 11	12'k	+ 6	2889	0,00764
5	1,425	4000	− 55	− 61	12'k	+ 12	3939	0,00882
6	1,487	4800	− 90	−100	15'k	+ 18	4700	0,0097
7	1,533	6500			18'k	+ 23		
8	1,595	6700	− 90	−100	25'k	+ 23	6600	0,0118
9	1,702	9000	− 60	− 67	25'k	+ 30	8933	0,01402
10	1,803	12500	− 90	−100	0'k	+ 32	12400	0,0174

Tabelle 14

Schiffskörpermodell		Versuchstag 3.5.56
Tiefgang 0,160 m		Wassertemp. 12,5°C
Zustand Boden } glatt		Wassertiefe 1,0 m
Seiten		Wasser stehend
		Tr = Trimm
		k = kopflastig
		st = steuerlastig
		T = Tauchung
		+ = eintauchen
		- = austauchen

Vers. Nr.	V tatsächl.	Widerstand						Widerstandsbeiwert
		grob	fein	fein	Tr.	T	gesamt	
	m/s	gr	mm	gr		mm	gr	—
1	0,926	950	+ 25	+ 43	2'k	+ 3	993	0,00528
2	1,128	1400	+ 67	+113	4'k	+ 5	1513	0,00543
3	1,238	1850	+ 93	+157	6'k	+ 8	2007	0,00598
4	1,302	2400	0	0	5'k	+ 4	2400	0,00645
5	1,392	3200	- 22	- 37	6'k	+ 5	3163	0,00745
6	1,502	4400	-210		8'k	+ 15	~4000	
7	1,50	4000	- 2	- 3	8'k	+ 6	3997	0,0081
8	(1,6)	5000			8'k	+ 15		
9	1,49	4200	-145	-247	6'k	+ 9	3953	
10	1,584	4800	+ 40	+ 68	8'k	+ 7	4868	0,00885
11	1,703	6300	+ 20	+ 34	13'k	+ 8	6334	0,00995
12	1,795	8000	+ 30	+ 51	13'k	+ 12	8051	Ph. 0,01137
13	1,915	11000		~1000	18'k	+ 15		
14	1,905	10400	+ 6	+ 10	17'k	+ 16	10410	0,01305
15	1,979	12800			26'k	+ 25	~12200	
16	1,982	12200	- 40	- 68	35'k	+ 22	12132	0,0141

Tabelle 15

Schiffskörpermodell	Versuchstag 3.5.56
Tiefgang 0,160 m	Wassertemp. t = 13,5°C
Zustand Boden rauh	Wassertiefe 1,0 m
Seiten glatt	Wasser stehend

Tr. = Trimm
k = kopflastig
st = steuerlastig
T = Tauchung
+ = eintauchen
− = austauchen

Vers. Nr.	V tatsäch.	Widerstand					Widerstandsbeiwert
		grob	fein	fein	Tr.	T	gesamt	
	m/s	gr	mm	gr		mm	gr	—
1	0,931	1300	+ 12	+ 20	2,5'k	+ 2,5	1320	0,00692
2	1,117	1900	+ 53	+ 88	4,5'k	+ 4,5	1988	0,00725
3	1,203	2750						
4	1,196	2600	− 75	−125	6,5'k	+ 7,5	2475	0,0079
5	1,309	3200	− 23	+ 38	7'k	+ 8	3238	0,0086
6	1,405	3900	− 35	− 58	8'k	+ 8	3842	0,00885
7	1,511	5000	− 85	−141	11'k	+11	4859	0,00970
8	1,648	7000	− 20	− 33	13'k	+17	6967	0,01170
9	1,704	7500	− 63	−105	16'k	+18	7395	0,01160
10	1,802	9300	+190	±300	18'k	+24	Ph.	Ph.
11	1,802	9500	− 18	− 30	18'k	+18	9470	0,01326
12	1,886	11600	− 28	− 46	21'k	+20	11554	0,01480
13	1,601	6000	− 25	− 42	12'k	+12	5958	0,00106
14	1,655	7100	− 80	−133	15'k	+16	6967	0,00116
15	1,703	7400	+ 25	+ 42	16'k	+14	7442	0,00117

Tabelle 16

Schiffskörpermodell	Versuchstag 4.5.56
Tiefgang 0,160 m	Wassertemp. t = 14°C
Zustand: Boden rauh	Wassertiefe 0,5 m
Seiten glatt	Wasser stehend
	Tr. = Trimm
	k = kopflastig
	st = steuerlastig
	T = Tauchung
	+ = eintauchen
	− = austauchen

Vers. Nr.	V tatsächl.	Widerstand						Widerstandsbeiwert
		grob	fein	fein	Tr.	T	gesamt	
	m/s	gr	mm	gr		mm	gr	—
1	0,914	1400	0	0	3'k	+ 7	1400	0,00765
2	1,107	2200	− 30	− 61	5'k	+ 11	2139	0,00798
3	1,203	2700	− 20	− 34	7'k	+ 12	2666	0,0084
4	1,304	3350	0	0	10'k	+ 13	3350	0,00898
5	1,415	3950	+ 95	+161	12'k	+ 18	4111	0,00936
6	1,489	5000	+115	+195	17'k	+ 24	5195	0,01065
7	1,524	5350	+130	+220	18'k	+ 23	5570	0,01092
8	1,469	4750	+ 70	+119	17'k	+ 20	4869	0,0103
9	1,472	5500	−165	−279	27'k	+ 29	5221	0,011
10	1,584	6600	+120	+203	28'k	+ 28	6803	0,01237
11	1,763	8800	∓1500					Ph.
12	1,653	8800	−122	−207	29'k	+ 32	8593	0,0143
13	1,706	10200	− 80	−136	30'k	+ 38	10064	Ph. 0,01577
14	1,785	13500	−110		22'k	+ 42		Ph.
15	1,795	13300	+ 20	+ 34	24'k	+ 44	13334	Ph. 0,01882

Forschungsberichte des Wirtschafts- und Verkehrsministeriums Nordrhein-Westfalen

Tabelle 17

Schiffskörpermodell Tiefgang 0,160 m Zustand: Boden rauh Seiten glatt	Versuchstag 4.5.56 Wassertemp. 14°C Wassertiefe 0,3 m Wasser stehend Tr. = Trimm k = kopflastig st = steuerlastig T = Tauchung + = eintauchen − = austauchen

Vers. Nr.	V tatsächl.	Widerstand					Wider- stands- beiwert
		grob	fein	fein	Tr.	T	gesamt	
	m/s	gr	mm	gr		mm	gr	—
1	0,914	1600	0	0	4' k	0	1600	0,00871
2	1,124	2300	+140	+243	15' k	+ 20	2543	0,00916
3	1,205	3250	+120	+203	10' k	+ 28	3453	0,01085
4	1,263	4200	+125	+213	14' k	+ 32	4413	0,0126
5	1,306	5800	− 25	− 42	15' k	+ 20	5758	0,0154 Ph.
6	1,357	7500	− 75	−127	2'st	+ 35	7373	0,01828
7	1,415	10000	− 75	−127	20'st	+ 35	9873	Ph.
8	1,409	10000	− 80	−135	18'st	+ 50	9865	0,02265
9	(1,45)	12000			50'st	+ 42		2 x Ph.
10	1,447	11800	− 80	−135	37'st	+ 37	11665	0,02525
11	1,501	14300	− 45	− 75	45'st	+ 30	14225	0,02885 Ph.

Tabelle 18

Schiffskörpermodell	Versuchstag 4.5.56
Tiefgang 0,160 m	Wassertemp. 14°C
Zustand: Boden ⎱ rauh Seiten ⎰	Wassertiefe 0,3 m
	Wasser stehend
	Tr. = Trimm k = kopflastig st = steuerlastig
	T = Tauchung + = eintauchen − = austauchen

Vers. Nr.	V tatsächl.	Widerstand						Widerstandsbeiwert
		grob	fein	fein	Tr.	T	gesamt	
	m/s	gr	mm	gr		mm	gr	
1	0,894	1700	− 8	− 13	4'k	+ 7	1687	0,00964
2	1,106	2600	+ 20	+ 33	16'k	+ 10	2633	0,0098
3	1,21	4400	− 34	− 57	18'k	+ 24	4343	0,0135
4	1,155	3600	− 23	− 39	10'k	+ 20	3561	0,01217
5	1,0	2300	− 10	− 17	8'k	+ 12	2283	0,01043
6	1,104	2900	+ 10	+ 17	10'k	+ 16	2917	0,0109
7	1,31	6000	+ 25	+ 42	18'k	+ 31	6042	0,01604
8	(1,35)	7400		2 x				
9	(1,4)	10000			30'st	+ 55		

Tabelle 19

Schiffskörpermodell Tiefgang 0,160 m Zustand: Boden } rauh Seiten	Versuchstag 4.5.56 Wassertemp. t = 14°C Wassertiefe 0,5 m Wasser stehend Tr. = Trimm k = kopflastig st = steuerlastig T = Tauchung + = eintauchen - = austauchen

Vers. Nr.	V tatsächl.	Widerstand						Widerstandsbeiwert
		grob	fein	fein	Tr.	T	gesamt	
	m/s	gr	mm	gr		mm	gr	
1	0,89	1500	- 19	- 30	5'k	+ 3	1488	0,00855
2	0,994	1800	- 14	- 22	7'k	+ 6	1786	0,00823
3	1,098	2200	+ 4	+ 5	9'k	+ 7,5	2204	0,0083
4	1,196	2800	+ 8	+ 10	10'k	+ 9	2808	0,00895
5	1,305	3700	+ 8	+ 10	12'k	+ 12	3708	0,00993
6	1,405	5000	- 35	- 58	15'k	+ 16	4942	0,0114
7	1,50	6500	- 25	- 41	22'k	+ 19	6475	0,0131
8	1,62	8700	- 55	- 92	26'k	+ 26	8608	0,01497
9	1,725	10300	+ 55		36'k	+ 33	10392	0,0159
10	1,80	15000	+210	+350	39'k	+ 52	15350	0,0216
11	1,568	7200	- 15	- 10	23'k	+ 20	7190	0,0133
12	1,465	5750	- 45	- 75	17'k	+ 19	5675	0,01205
13	1,495	6300	- 25	- 41	14'k	+ 21	6259	0,01272

Tabelle 20

Schiffskörpermodell	Versuchstag 5.5.56
Tiefgang 0,160 m	Wassertemp. t = 14°C
Zustand: Boden } rauh	Wassertiefe 0,338 m
Seiten	Wasser stehend
	Tr. = Trimm
	k = kopflastig
	st = steuerlastig
	T = Tauchung
	+ = eintauchen
	- = austauchen

Vers. Nr.	V tatsächl.	Widerstand grob	fein	fein	Tr.	T	gesamt	Widerstandsbeiwert
	m/s	gr	mm	gr		mm	gr	
1	1,322	5500	- 60	-100	10'k	+ 30	5400	0,01407
2	1,25	4300	- 65	-107	8'k	+ 25	4193	0,01223
3	1,20	3700	- 60	-100	9'k	+ 19	3600	0,0114
4	1,386	7000	- 82	-136	14'k	+ 34	6864	0,0163
5	1,436	8600	-155	-256	7'k	+ 43	8344	0,01844
6	*1,50	10800	-135	-223	25'st	+ 42	10577	0,0214 Ph.
7	*1,449	10000	-155	-256	8'k	+ 50	9744	0,02114
8	*1,559	12800	-145	-240	37'st	+ 40	12560	0,02355
9	1,156	3100	+ 40	+ 66	12'k	+ 12	3166	0,0108
10	1,104	2700	- 20	- 33	18'k	+ 15	2667	0,00995
11	1,053	2300	+ 30	+ 49	12'k	+ 12	2349	0,00963
12	1,002	2100	+ 38	+ 63	8'k	+ 12	2138	0,00975
13	0,95	1900	- 60	- 99	4'k	+ 11	1801	0,0091
14	0,899	1600	+ 14	+ 23	4'k	+ 9	1623	0,00916
15	0,997	2100	+ 20	+ 33	6'k	+ 10	2133	

* erst steuerlastig und dann kopflastig (weiße Streifen)

Tabelle 21

Schiffskörpermodell	Versuchstag 7.5.56
Tiefgang = 0,160 m	Wassertemp. t = 14,8°C
Zustand: Boden ⎫ rauh	Wassertiefe 1,0 m
Seiten ⎭	Wasser stehend
	Tr. = Trimm
	k = kopflastig
	st = steuerlastig
	T = Tauchung
	+ = eintauchen
	− = austauchen

Vers. Nr.	V tatsächl.	Widerstand						Widerstandsbeiwert
		grob	fein	fein	Tr.	T	gesamt	
	m/s	gr	mm	gr		mm	gr	
1	0,901	1500	− 12	− 20	3'k	+ 3	1480	0,00832
2	1,005	1800	− 5	− 8	4'k	+ 5	1792	0,0081
3	1,106	2200	0	0	7'k	+ 6	2200	0,0082
4	1,21	2700	+ 15	+ 25	7'k	+ 7	2725	0,00848
5	1,298	3400	− 40	− 65	10'k	+ 9	3335	0,00905
6	1,401	4200	− 10	− 16	10'k	+ 11	4184	0,00974
7	1,50	5100	+ 25	+ 41	14'k	+ 12	5141	0,0104
8	1,607	6800	− 10	− 16	18'k	+ 15	6784	0,012 Ph.
9	1,718	8600	+ 5	+ 8	17'k	+ 20	8605	0,0133 Ph.
10	1,81	10500	+ 15	+ 25	25'k	+ 20	10525	0,0146
11	1,91	12800	+ 40	+ 65	32'k	+ 24	12865	0,01606 Ph.
12	1,661	7550	− 25	− 41	22'k	+ 16	7509	0,0124
13	1,564	6100	− 20	− 33	16'k	+ 15	6067	0,0113
14	1,623	7100	− 60	− 97	21'k	+ 15	7003	0,01213

Forschungsberichte des Wirtschafts- und Verkehrsministeriums Nordrhein-Westfalen

Tabelle 22

Schiffskörpermodell	Versuchstag	7.5.56
Tiefgang 0,160 m	Wassertemp.	t = 14,8°C
Zustand: Boden glatt	Wassertiefe	0,5 m
Seiten rauh	Wasser stehend	
	Tr. = Trimm	
	k = kopflastig	
	st = steuerlastig	
	T = Tauchung	
	+ = eintauchen	
	− = austauchen	

Vers. Nr.	V tatsächl.	Widerstand						Widerstandsbeiwert
		grob	fein	fein	Tr.	T	gesamt	
	m/s	gr	mm	gr		mm	gr	
1	1,794	11800	+ 10	+ 17	28'k	+ 38	11817	0,0167
2	1,695	9000	0	0	30'k	+ 31	9000	0,01425
3	1,595	6600	− 30	− 50	25'k	+ 22	6550	0,0117
4	1,49	5050	− 20	− 33	20'k	+ 18	5017	0,01027
5	1,439	3900	+ 70	+116	17'k	+ 16	4016	0,00884
6	1,378	3600	+ 28	+ 47	14'k	+ 13	3647	0,00875
7	1,283	3050	− 10	− 17	12'k	+ 10	3033	0,0084
8	1,203	2400	− 10	− 17	12'k	+ 9	2383	0,00749
9	1,111	1850	0	0	8'k	+ 7	1850	0,00685
10	0,993	1500	− 52	− 86	5'k	+ 6	1414	0,00655
11	0,891	1200	− 18	− 30	6'k	+ 2	1170	0,00671

Tabelle 23

Schiffskörpermodell	Versuchstag 7.5.56
Tiefgang 0,160 m	Wassertemp. t = 14,8°C
Zustand: Boden glatt	Wassertiefe 0,998 m
Seiten rauh	Wasser stehend
	Tr. = Trimm k = kopflastig st = steuerlastig
	T = Tauchung + = eintauchen − = austauchen

Vers. Nr.	V tatsächl.	Widerstand						Widerstandsbeiwert
		grob	fein	fein	Tr.	T	gesamt	
	m/s	gr	mm	gr		mm	gr	
1	0,89	1200			8'k	+ 3		
2	0,894	1200	− 48	− 80	7'k	+ 3	1120	0,00637
3	0,998	1500	− 60	− 99	7'k	+ 5	1401	0,00642
4	1,103	1750	− 2	− 4	6'k	+ 5	1746	0,00652
5	1,202	2300	− 38	− 63	10'k	+ 6	2237	0,0071
6	1,305	2900	− 68	−112	12'k	+ 8	2788	0,00746
7	1,407	3400	+ 24	+ 40	13'k	+ 9	3440	0,00792
8	1,494	4200	+ 3	+ 5	15'k	+ 9	4205	0,00856
9	1,492	5200						
10	1,596	5200	+113	+186	16'k	+ 16	5313	0,0095
11	1,650	6100	+ 8	+ 14	22'k	+ 15	6114	0,01022
12	1,696	6800	+ 35	+ 58	22'k	+ 28	6858	0,0109
13	1,837	9300	+220	∓360	28'k	+ 30	9660	
14	1,81	8800	+155	+255	28'k	+ 25	9055	0,01263
15	1,88	11000	−165	−271	30'k	+ 30	10729	0,0138

Tabelle 24

Schiffskörpermodell	Versuchstag 8.5.56
Tiefgang 0,160 m	Wassertemp. t = 15°C
Zustand: Boden glatt	Wassertiefe 0,338 m
Seiten rauh	Wasser stehend
	Tr. = Trimm
	k = kopflastig
	st = steuerlastig
	T = Tauchung
	+ = eintauchen
	− = austauchen

Vers. Nr.	V tatsächl.	Widerstand						Widerstandsbeiwert
		grob	fein	fein	Tr.	T	gesamt	
	m/s	gr	mm	gr		mm	gr	
1	0,89	1200	+ 8	+ 13	10'k	+ 4	1213	0,00697
2	1,003	1700	− 45	− 74	12'k	+ 10	1626	0,00736
3	1,106	2100	− 10	− 16	11'k	+ 13	2084	0,00776
4	1,218	2900	− 18	− 29	16'k	+ 16	2871	0,00883
5	1,305	3800	− 5	− 7	21'k	+ 22	3793	0,01018
6	1,344	4500	+ 8	+ 13	23'k	+ 27	4513	0,01137
7	1,425	6500	− 60	− 98	35'k	+ 40	6402	0,01437
8	1,488	8700			8'st	+ 32		
9	(1,5)	9500			18'st	+ 32		
10	1,46	8500	+196	+312	0	+ 50	8812	0,01883

Tabelle 25

Schiffskörpermodell Tiefgang 0,160 m Zustand: Boden } glatt Seiten	Versuchstag 8.5.56 Wassertemp. t = 15°C Wassertiefe 0,338 m Wasser stehend Tr. = Trimm k = kopflastig st = steuerlastig T = Tauchung + = eintauchen - = austauchen

Vers. Nr.	V tatsächl.	Widerstand						Widerstands-beiwert
		grob	fein	fein	Tr.	T	gesamt	
	m/s	gr	mm	gr		mm	gr	
1	0,886	1100	- 22	- 34	4'k	+ 8	1066	0,00618
2	0,99	1400	- 32	- 49	6'k	+ 11	1351	0,00628
3	1,093	1750	+ 9	+ 14	6'k	+ 12	1764	0,00673
4	1,203	2400	+ 55	+ 84	15'k	+ 21	2484	0,00782
5	1,30	3700						
6	1,30	3700	- 15	- 23	17'k	+ 29	3677	0,0099
7	1,382	5400	- 25	- 40	28'k	+ 41	5360	0,01277
8	1,451	7200	+ 45	+ 69	4'k-st	+ 52	7245	0,01566
9	(1,5)	9400			30'st			

Tabelle 26

Schiffskörpermodell Tiefgang 0,160 m Zustand: Boden rauh Seiten glatt	Versuchstag 8.5.56 Wassertemp. $t = 16°C$ Wassertiefe 0,338 m Wasser stehend Tr. = Trimm k = kopflastig st = steuerlastig T = Tauchung + = eintauchen − = austauchen

Vers. Nr.	V tatsächl.	Widerstand					Widerstandsbeiwert
		grob	fein	fein	Tr.	T	gesamt	
	m/s	gr	mm	gr		mm	gr	
1	0,886	1500	0	0	3'k	+ 8	1500	0,00871
2	1,004	1850	+ 30	+ 50	7'k	+ 10	1900	0,0086
3	1,106	2350	+ 70	+117	10'k	+ 14	2467	0,0092
4	1,203	3400	+ 35	+ 59	14'k	+ 18	3459	0,0109
5	1,262	4400						
6	1,263	4000	−140	−233	20'k	+ 30	3767	0,01045
7	1,311	4400	+145	+242	23'k	+ 32	4642	0,0123
8	1,228	3700	+ 45 −145	+ 75 −242	15'k	+ 19	3775 3458	0,0109 0,01045
9	1,384	6500	+ 15	+ 25	20'k	+ 38	6525	0,0155
10	1,434	8600	−120	−200	10'k	+ 50	8400	0,0186
11	1,350	5500	+ 35	+ 59	26'k	+ 32	5559	0,0139

Tabelle 27

Widerstand der Bodenplatte glatt (10 Stützen)
nach Abzug des Stützenwiderstandes

$F = 5,97 \text{ m}^2$

V Auftragung	Widerstand abgelesen Tabelle 3	ζ	Widerstand abgelesen Tabelle 5	ζ
m/s	gr	-	gr	-
0,4			210	0,0043
0,5			330	0,004335
0,6	350	0,0032	480	0,00437
0,7	570	0,00382	660	0,00442
0,8	720	0,00405	850	0,00436
0,9	1010	0,0041	1040	0,00421
1,0	1240	0,00408	1250	0,0041
1,1	1520	0,00413	1480	0,00401
1,2	1780	0,00406	1710	0,00389
1,3	2060	0,00401	2000	0,00388
1,4	2340	0,00392	2280	0,003815
1,5	2550	0,00371	2610	0,0038
1,6	2740	0,00352	2860	0,00366
1,7	3020	0,00343	3260	0,0037
1,8	3260	0,003305	3700	0,00374
1,9	3520	0,0032	4220	0,00383
2,0	4670	0,00383	4720	0,003865
2,1	5270	0,00394	5230	0,00388
2,2	5600	0,00381	5630	0,003815

Tabelle 28

Widerstand der Bodenplatte mit 12 Stützen
nach Abzug des Stützenwiderstandes

$F = 6{,}2\ m^2$

V Auftragung	abgelesen glatt	abgelesen rauh	ζ glatt	ζ rauh
m/s	gr	gr	-	-
0,3	80	115	0,00281	0,00404
0,4	195	240	0,00386	0,00475
0,5	320	400	0,00405	0,00507
0,6	410	570	0,00360	0,00501
0,7	570	765	0,00306	0,00411
0,8	730	980	0,00361	0,00484
0,9	910	1235	0,00355	0,00483
1,0	1120	1515	0,00354	0,00480
1,1	1335	1800	0,00350	0,00471
1,2	1560	2085	0,00343	0,00459
1,3	1820	2420	0,00341	0,00453
1,4	1980	2810	0,0032	0,00454
1,5	2220	3200	0,003125	0,00451
1,6	2560	3660	0,003165	0,00452
1,7	2880	4120	0,003154	0,00451
1,8	3190	4580	0,003115	0,00447
1,9	3420	5050	0,00300	0,00443
2,0	3800	5660	0,00301	0,00449
2,1	4510	6450	0,00323	0,00463
2,2	5180	7080	0,003385	0,004625

3. Abbildungen

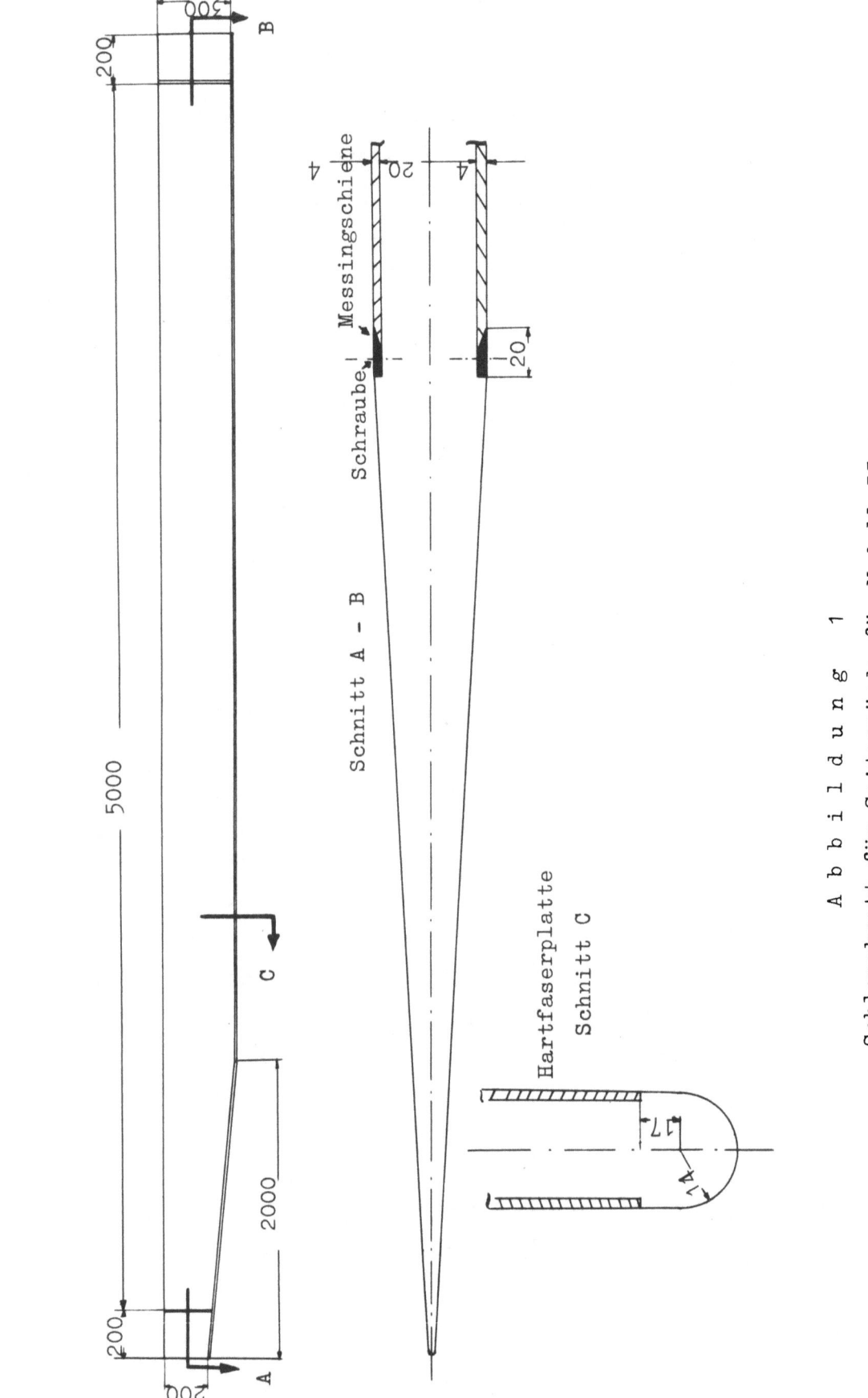

Abbildung 1
Schleppbrett für Seitenwände für Modell 53

Forschungsberichte des Wirtschafts- und Verkehrsministeriums Nordrhein-Westfalen

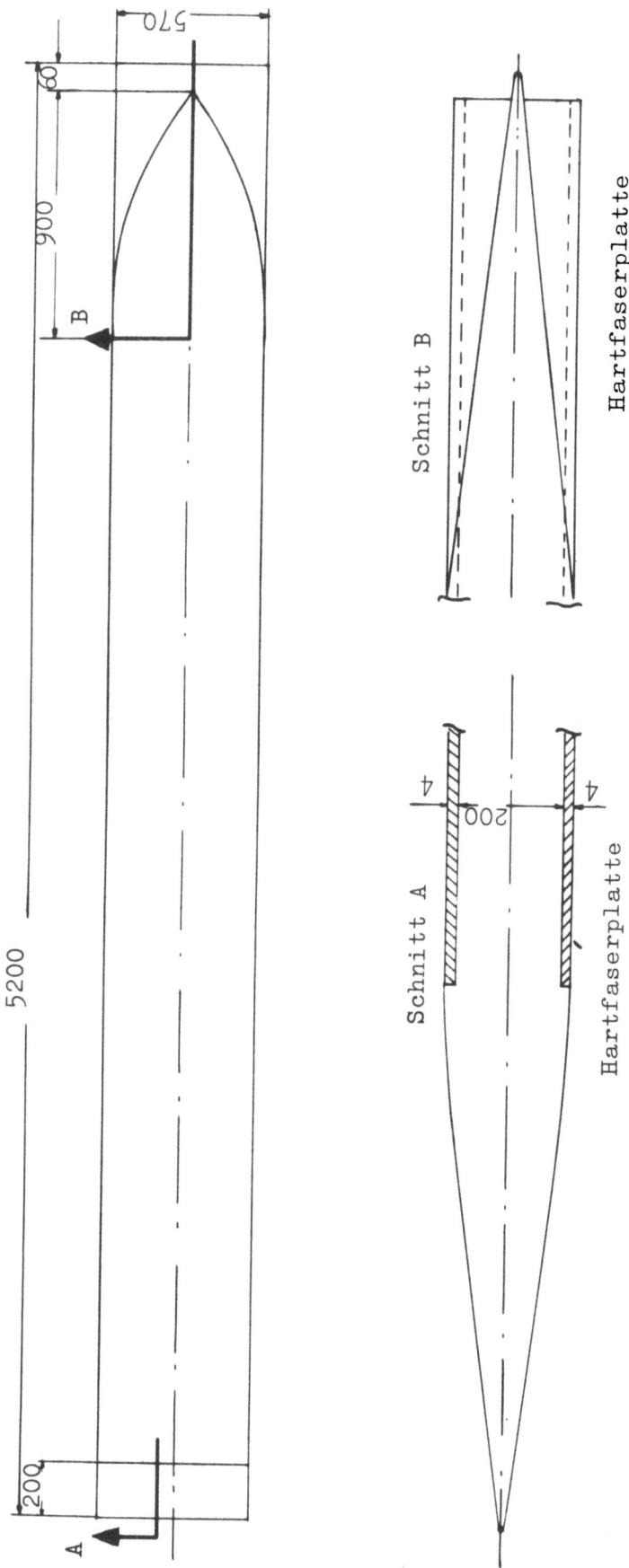

Abbildung 2
Schleppbrett für Bodenplatte für Modell 53

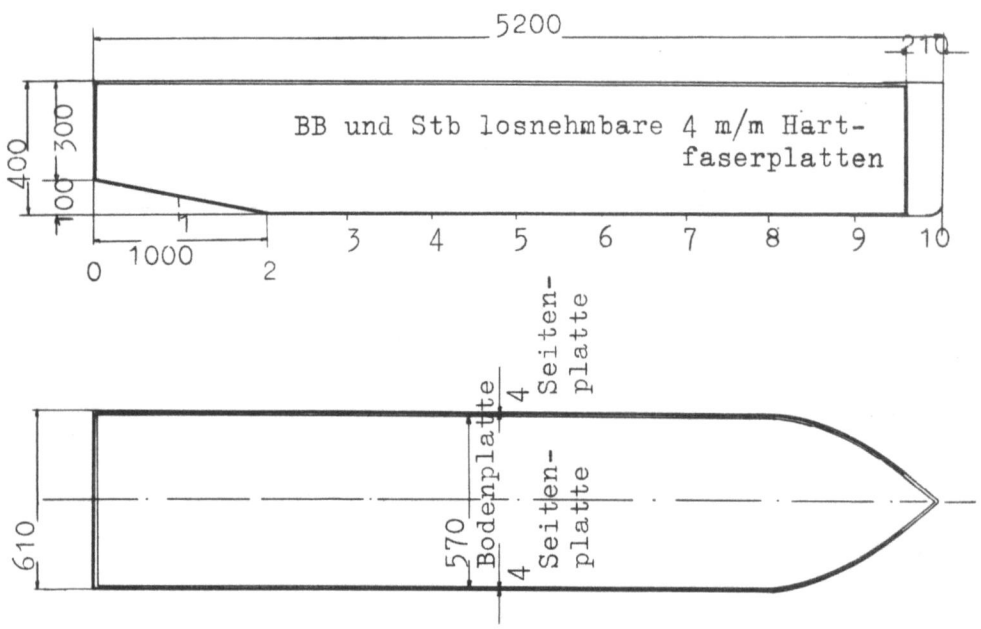

Abbildung 3
Schiffskörpermodell M 53

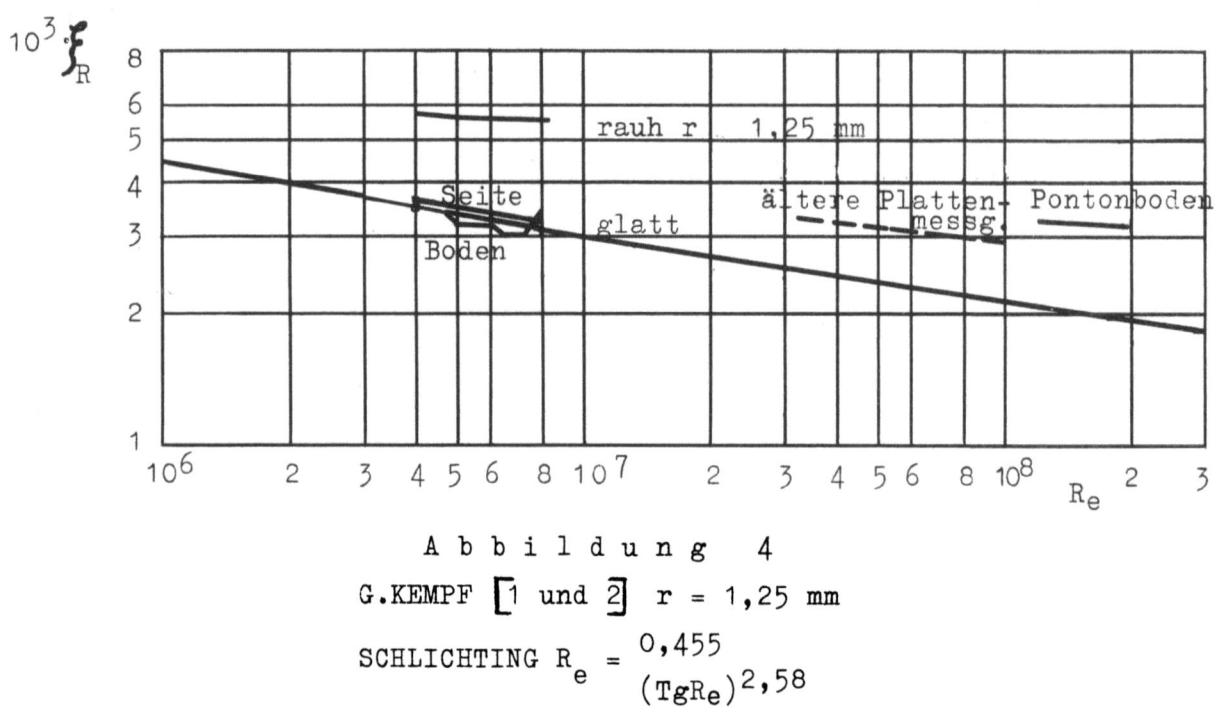

Abbildung 4

G.KEMPF [1 und 2] r = 1,25 mm

SCHLICHTING $R_e = \dfrac{0,455}{(TgR_e)^{2,58}}$

Forschungsberichte des Wirtschafts- und Verkehrsministeriums Nordrhein-Westfalen

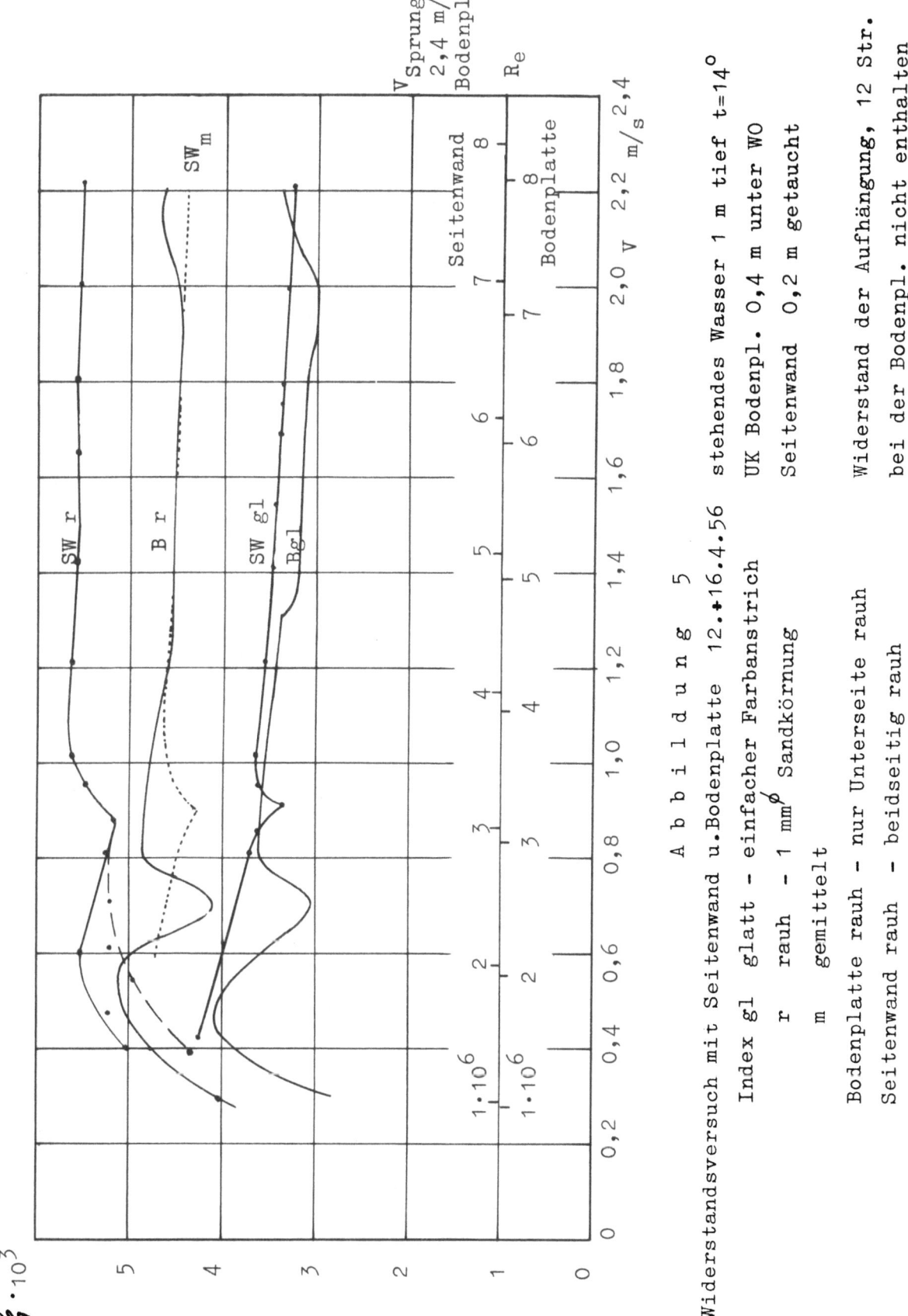

Abbildung 5

Widerstandsversuch mit Seitenwand u. Bodenplatte 12.+16.4.56   stehendes Wasser 1 m tief t=14°

Index gl glatt – einfacher Farbanstrich UK Bodenpl. 0,4 m unter WO
r rauh – 1 mm⌀ Sandkörnung Seitenwand 0,2 m getaucht
m gemittelt

Bodenplatte rauh – nur Unterseite rauh Widerstand der Aufhängung, 12 Str.
Seitenwand rauh – beidseitig rauh bei der Bodenpl. nicht enthalten

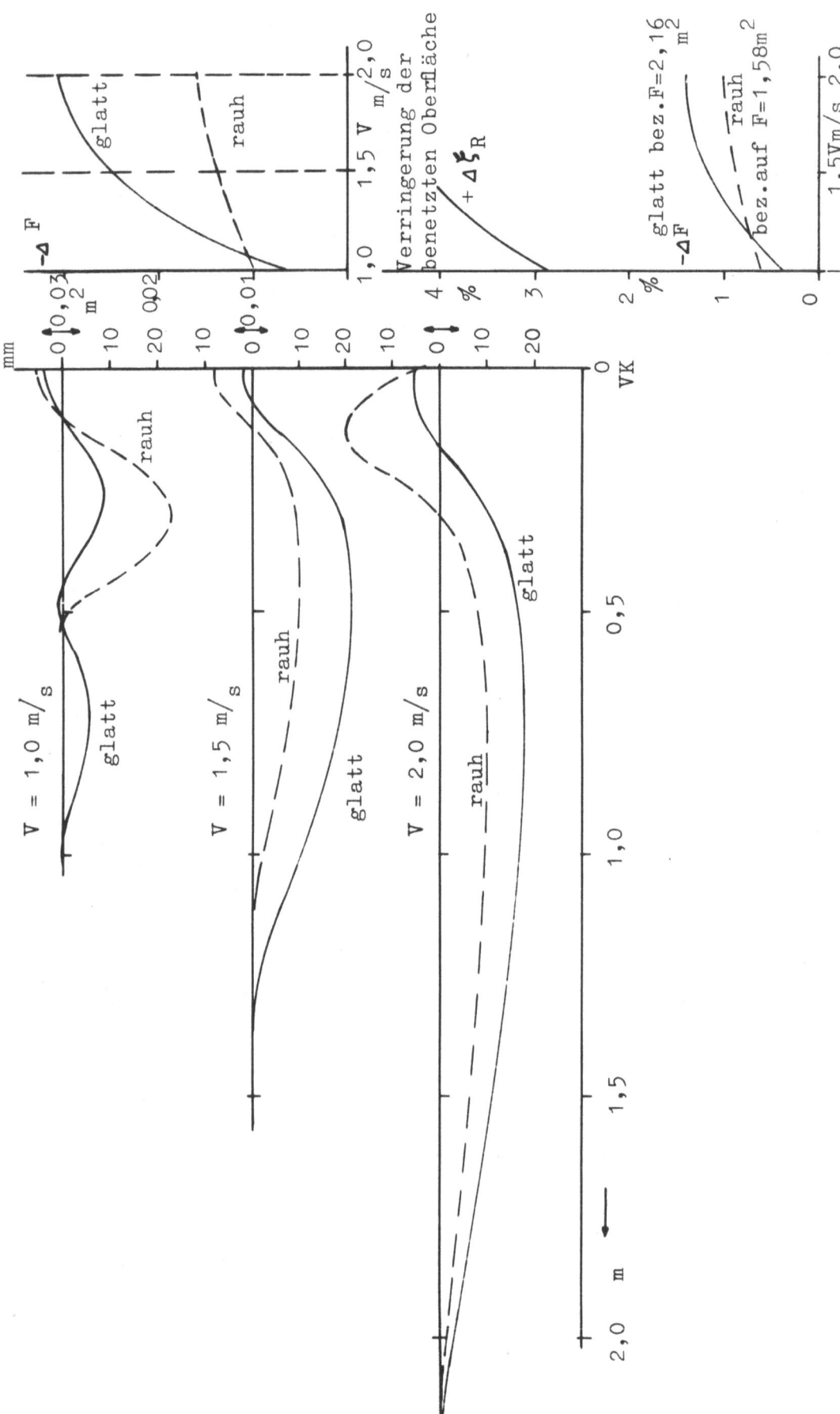

Abbildung 6
Wellenbild an der Seitenwand (Plattenversuch)

Forschungsberichte des Wirtschafts- und Verkehrsministeriums Nordrhein-Westfalen

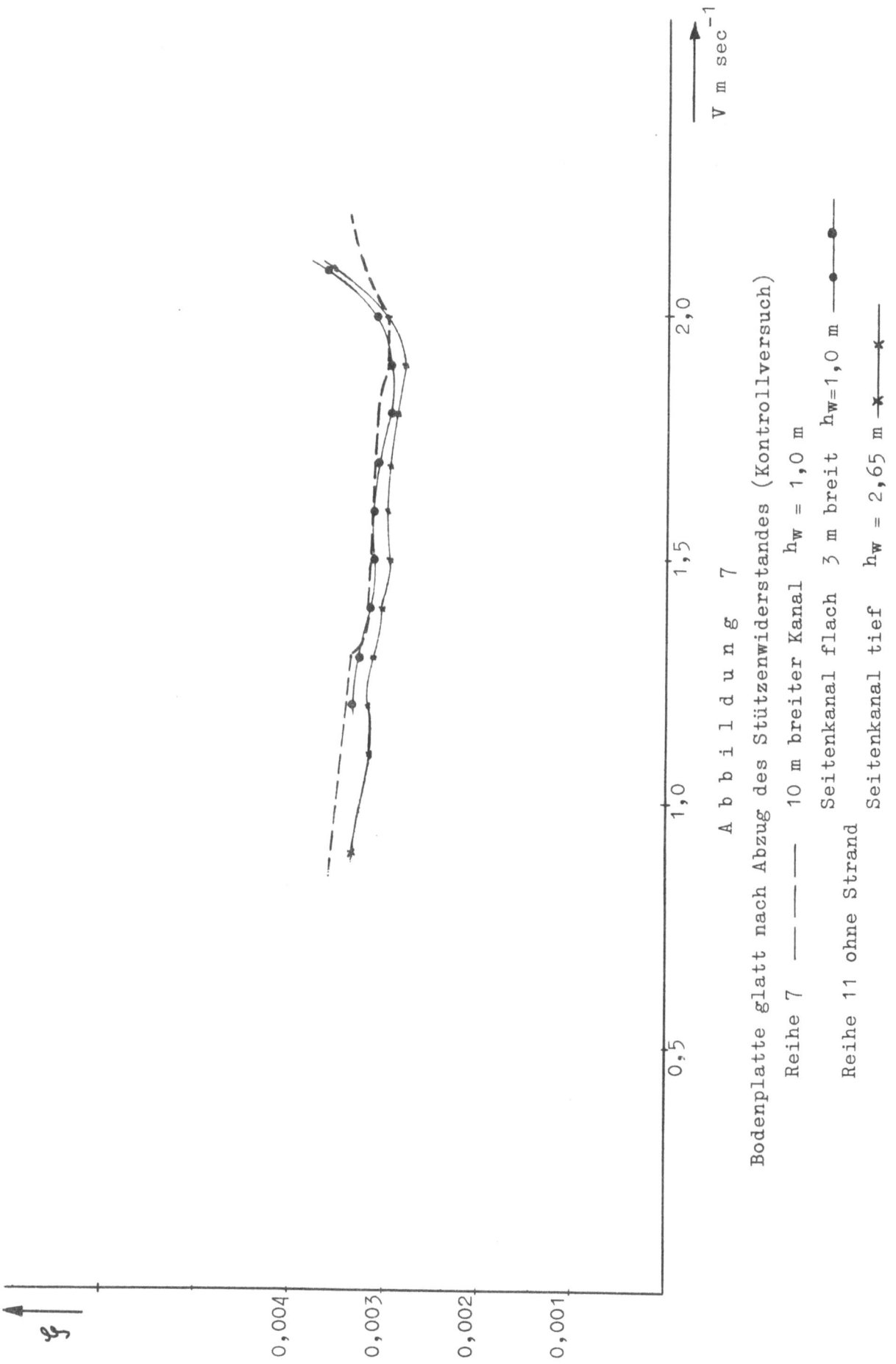

Abbildung 7

Bodenplatte glatt nach Abzug des Stützenwiderstandes (Kontrollversuch)

Reihe 7 ——— 10 m breiter Kanal $h_w = 1,0$ m
Seitenkanal flach 3 m breit $h_w = 1,0$ m ——●——
Reihe 11 ohne Strand Seitenkanal tief $h_w = 2,65$ m ——✶——

Forschungsberichte des Wirtschafts- und Verkehrsministeriums Nordrhein-Westfalen

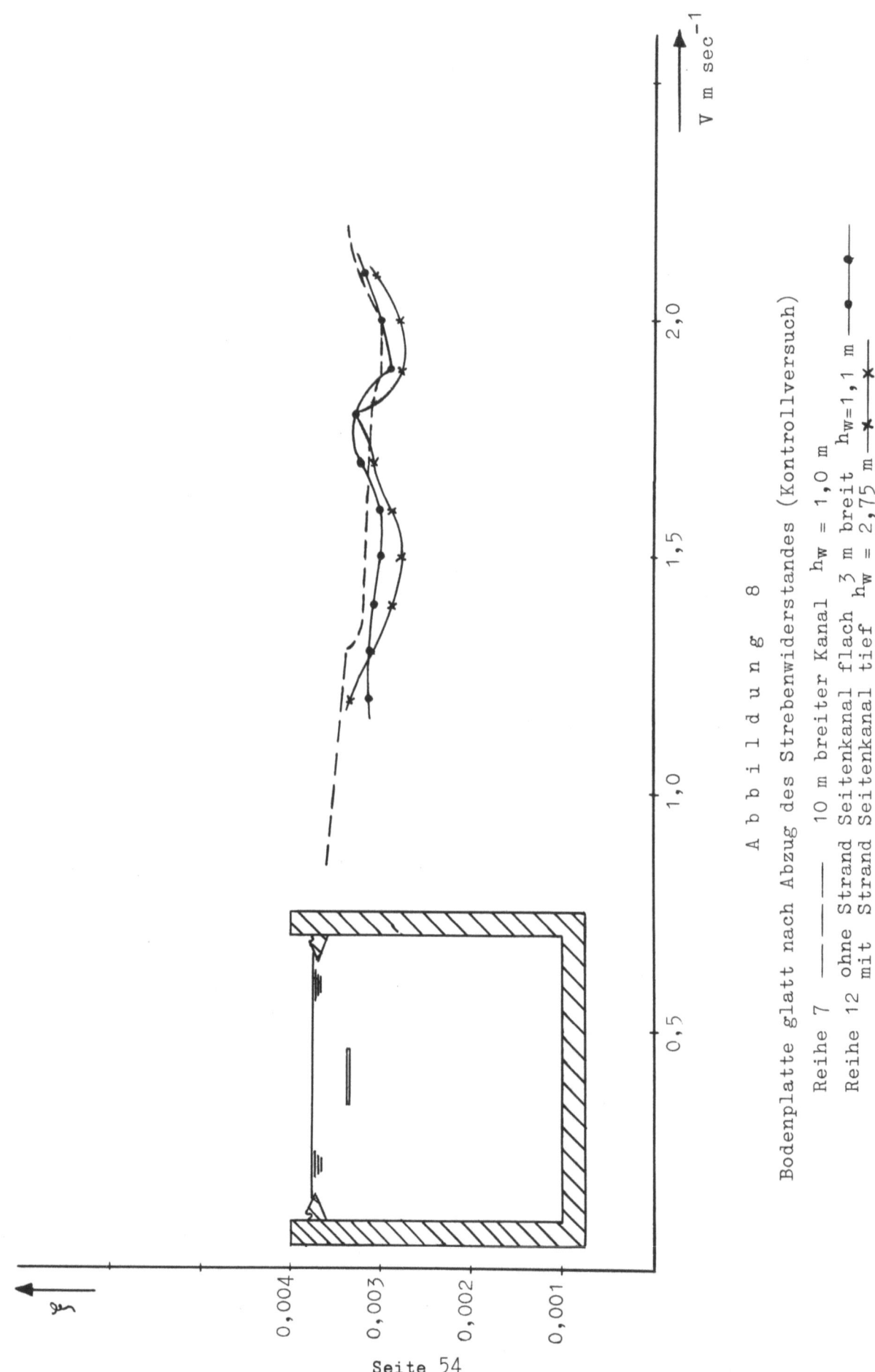

Abbildung 8

Bodenplatte glatt nach Abzug des Strebenwiderstandes (Kontrollversuch)

Reihe 7 ——— 10 m breiter Kanal $h_W = 1,0$ m
Reihe 12 ohne Strand Seitenkanal flach 3 m breit $h_W = 1,1$ m ●——●
Reihe 12 mit Strand Seitenkanal tief $h_W = 2,75$ m ✕——✕

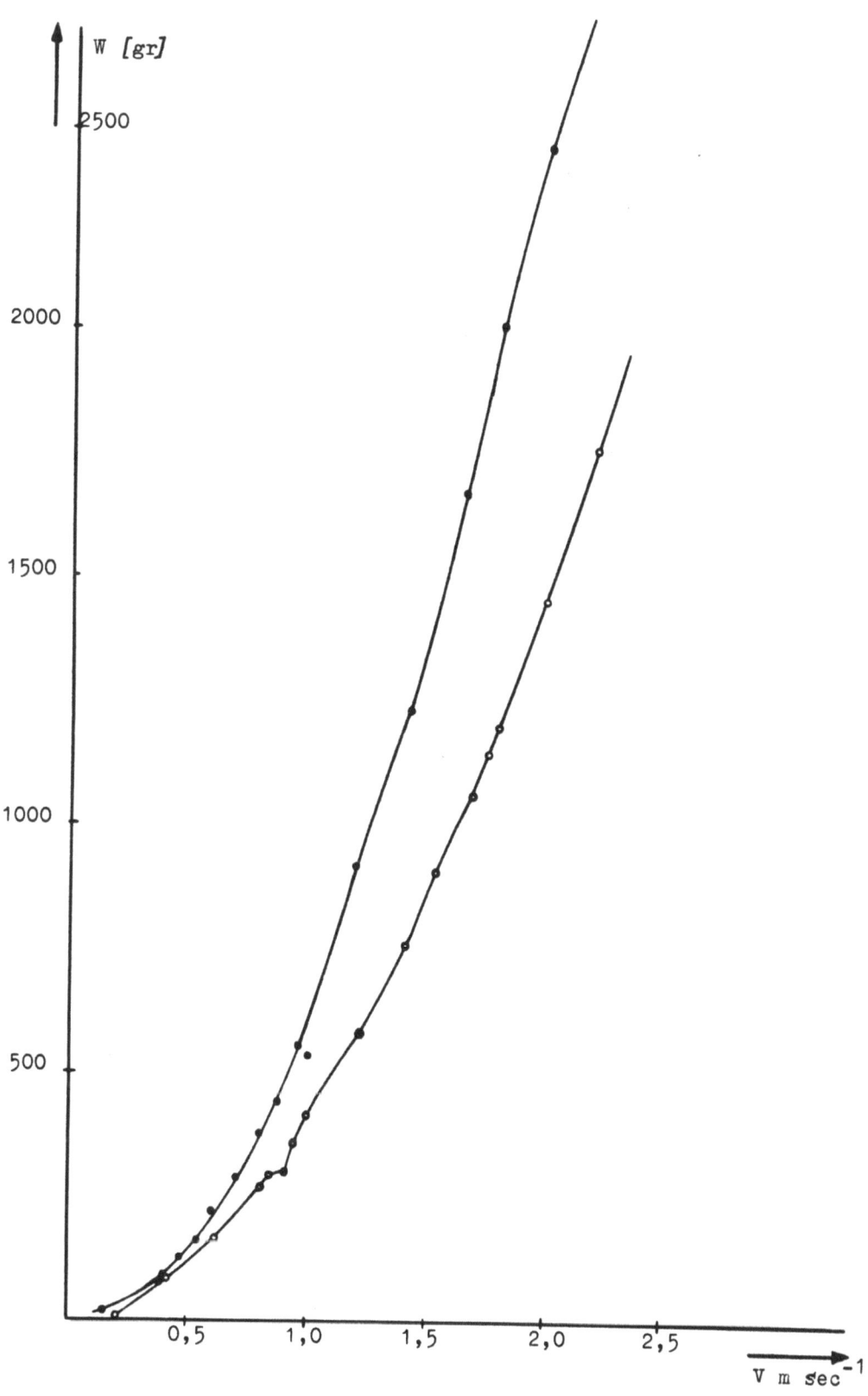

Abbildung 9
1. Reihe: Seitenplatten glatt —o—o—
4. Reihe: Seitenplatten rauh —•—•—

Forschungsberichte des Wirtschafts- und Verkehrsministeriums Nordrhein-Westfalen

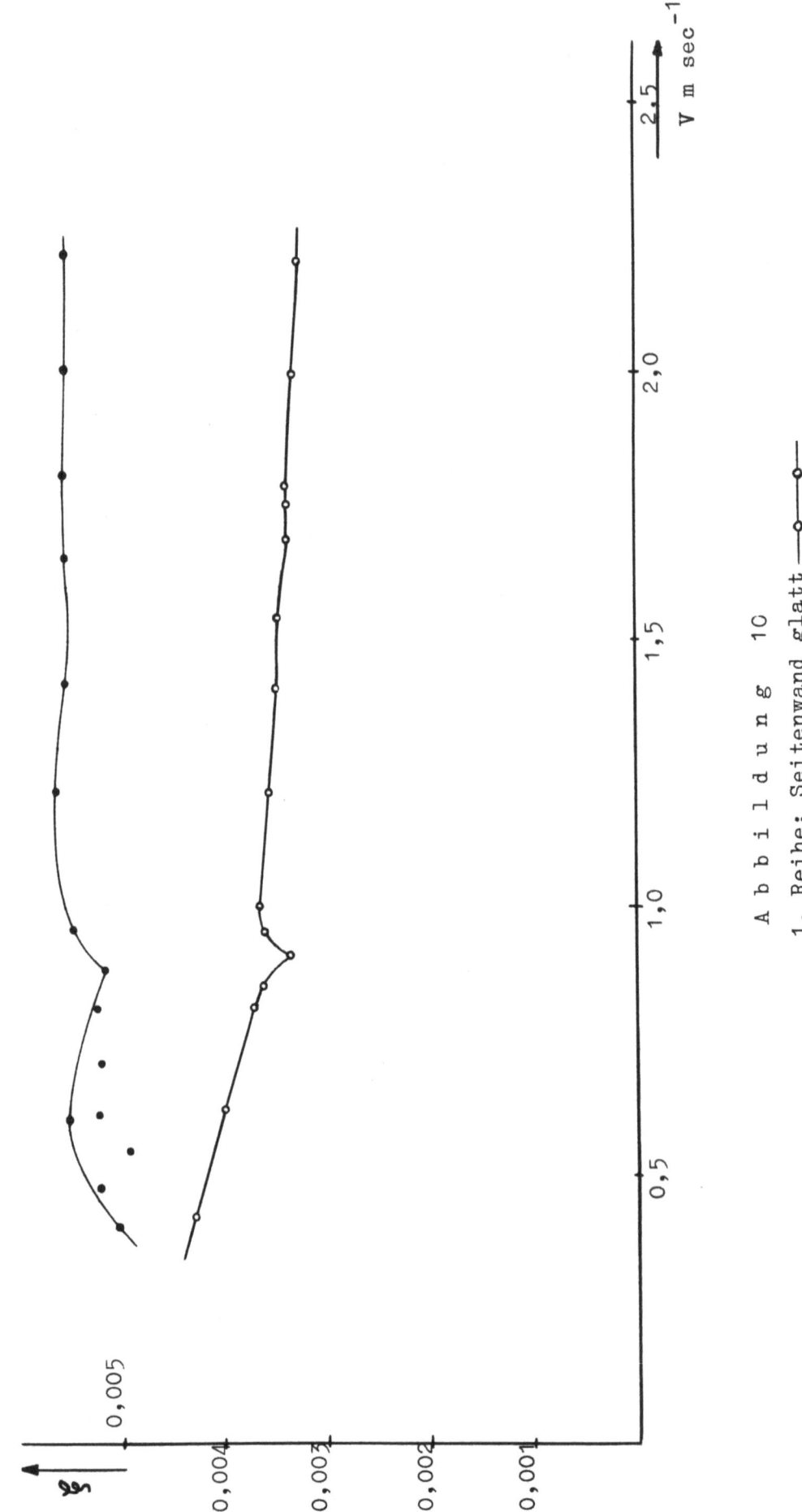

Abbildung 10
1. Reihe: Seitenwand glatt
4. Reihe: Seitenwand rauh

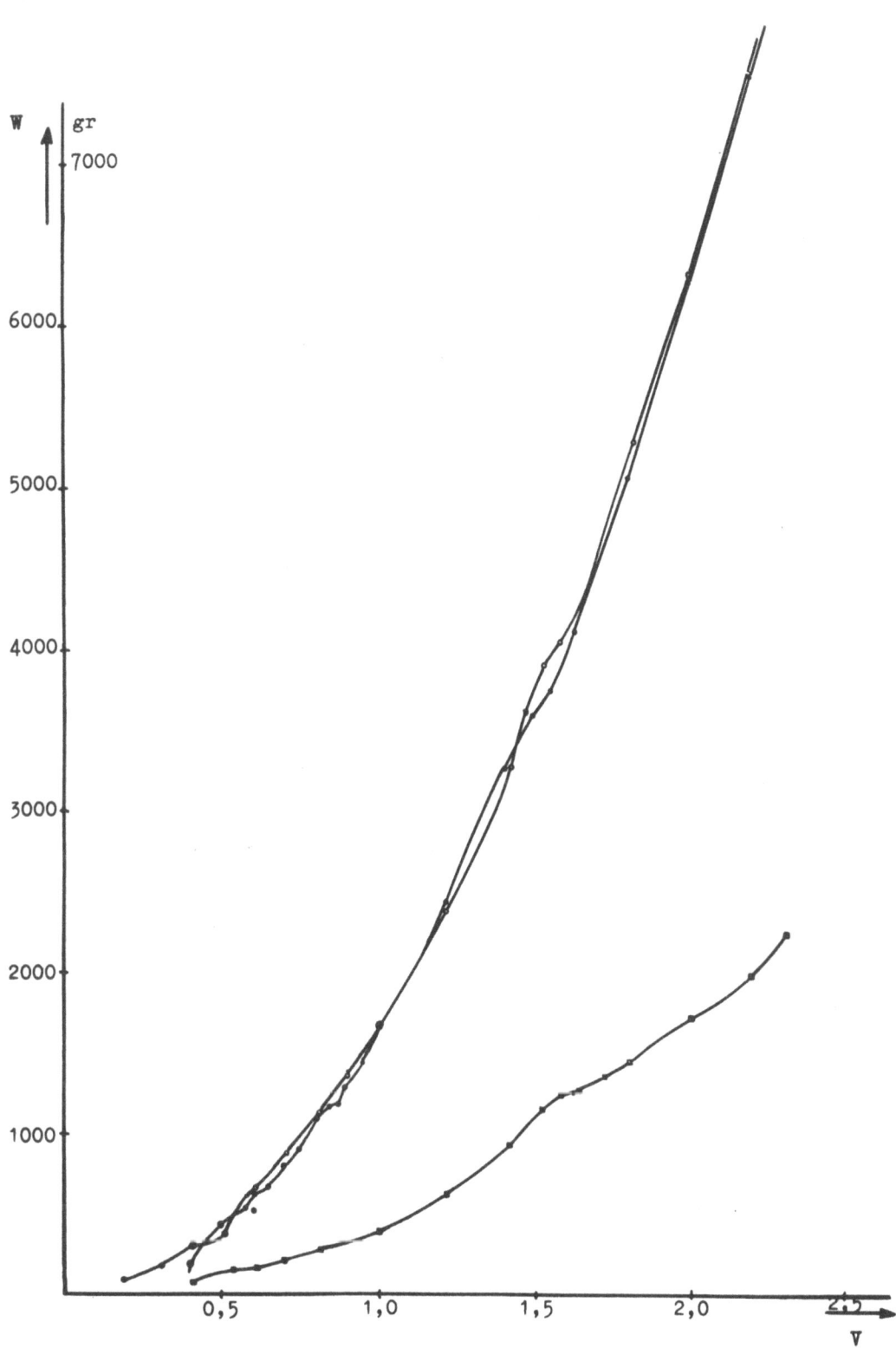

Abbildung 11

3. Reihe: Bodenplatte glatt mit Streben —•——•—
5. Reihe: Bodenplatte glatt mit Streben —o——o—
2. Reihe: Streben allein —□——□—

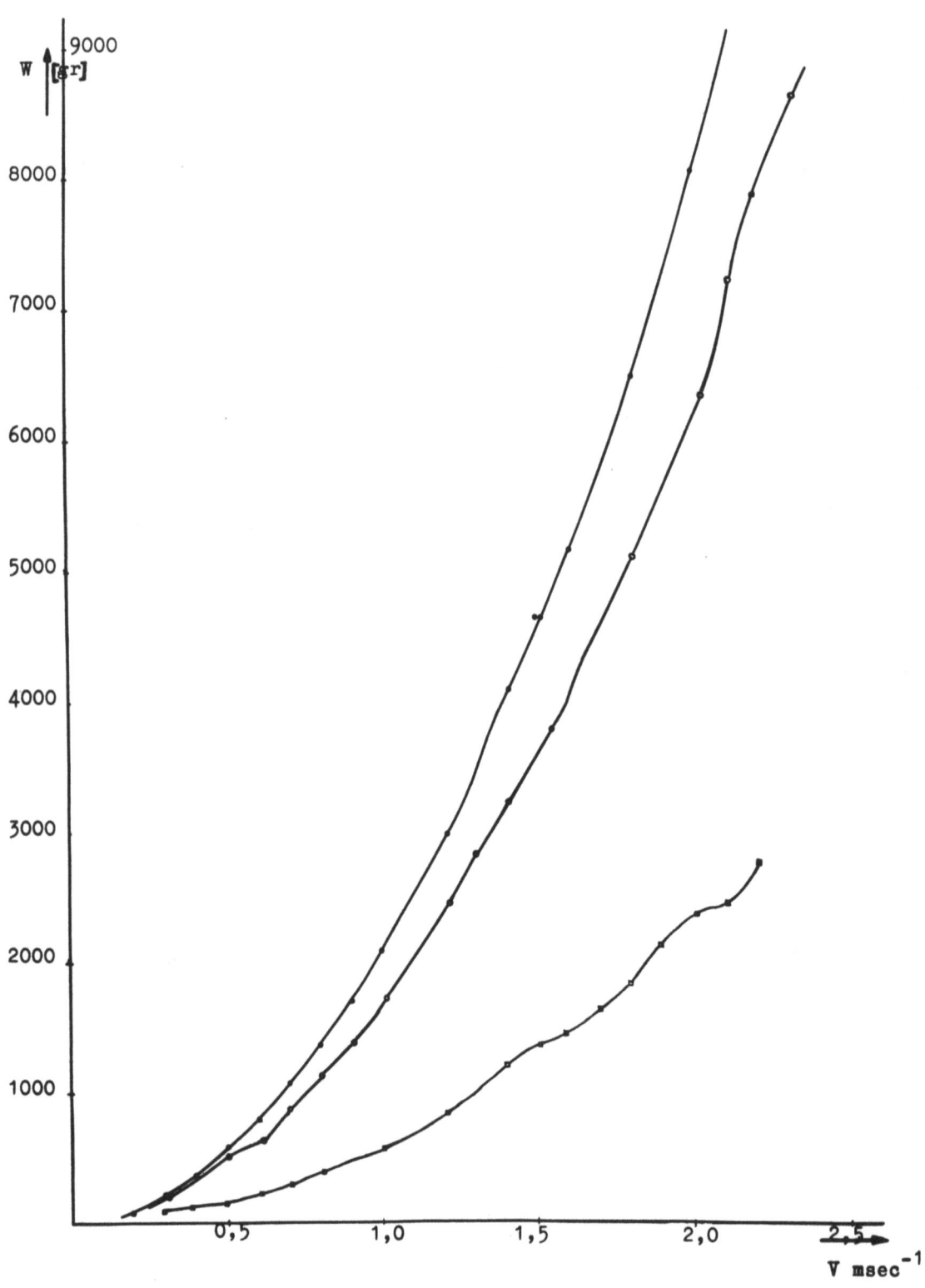

A b b i l d u n g 12

6. Reihe: Bodenplatte rauh mit Streben
7. Reihe: Bodenplatte glatt mit Streben
8. Reihe: Streben allein

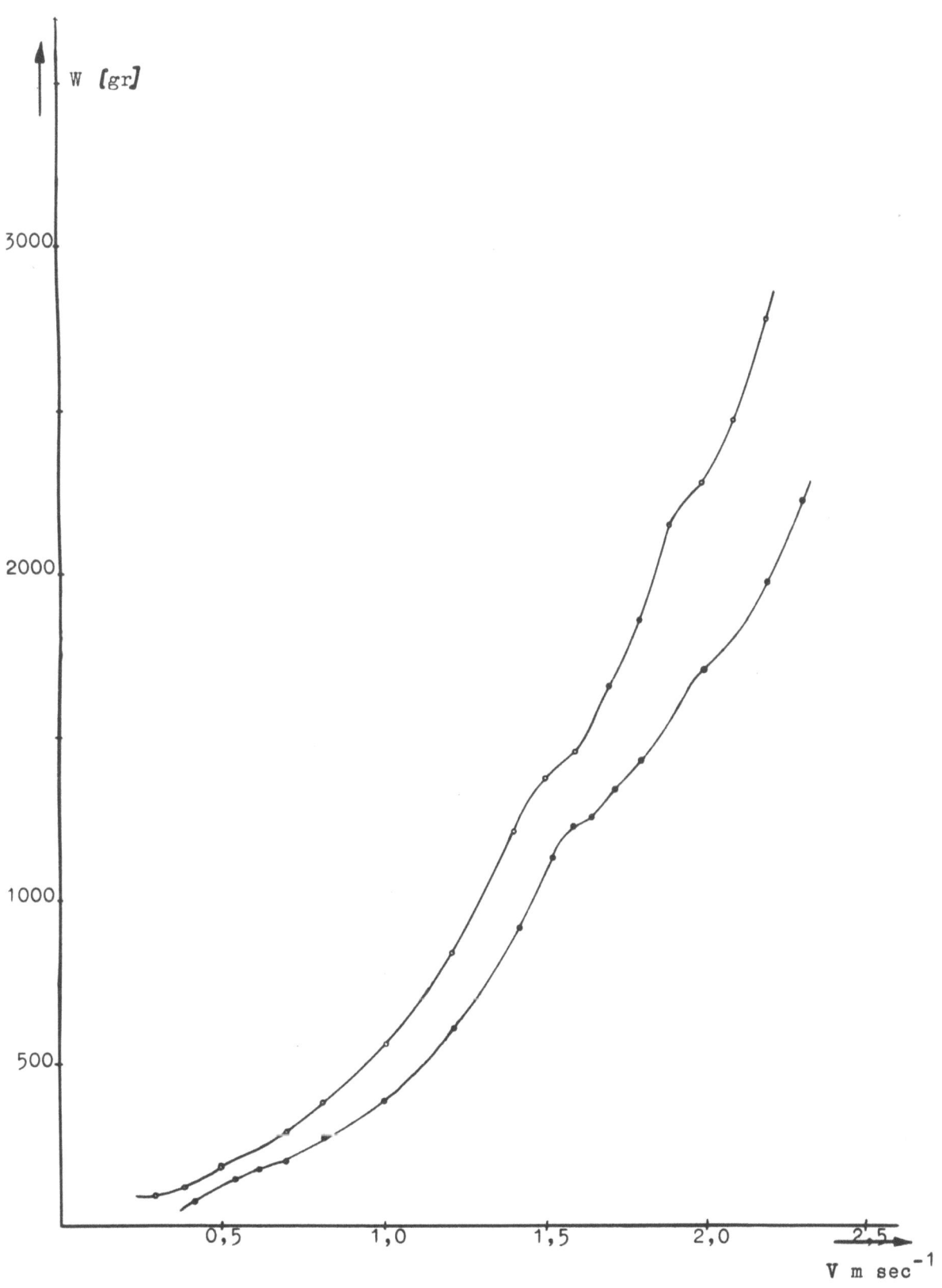

A b b i l d u n g   13

2. Reihe: 10 Streben für Bodenplatte ———•———•———

8. Reihe: 12 Streben für Bodenplatte ———o———o———

Forschungsberichte des Wirtschafts- und Verkehrsministeriums Nordrhein-Westfalen

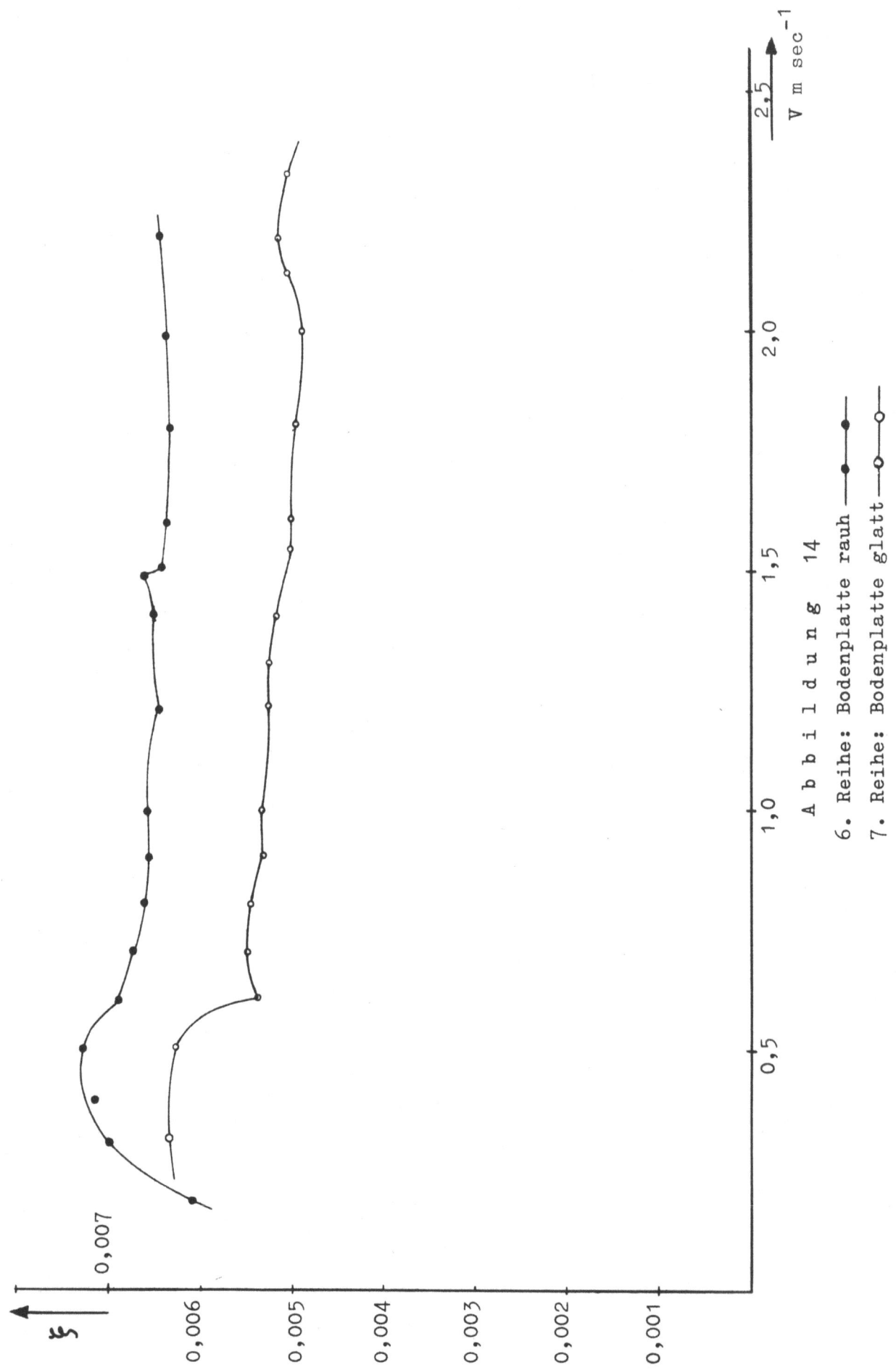

Abbildung 14
6. Reihe: Bodenplatte rauh
7. Reihe: Bodenplatte glatt

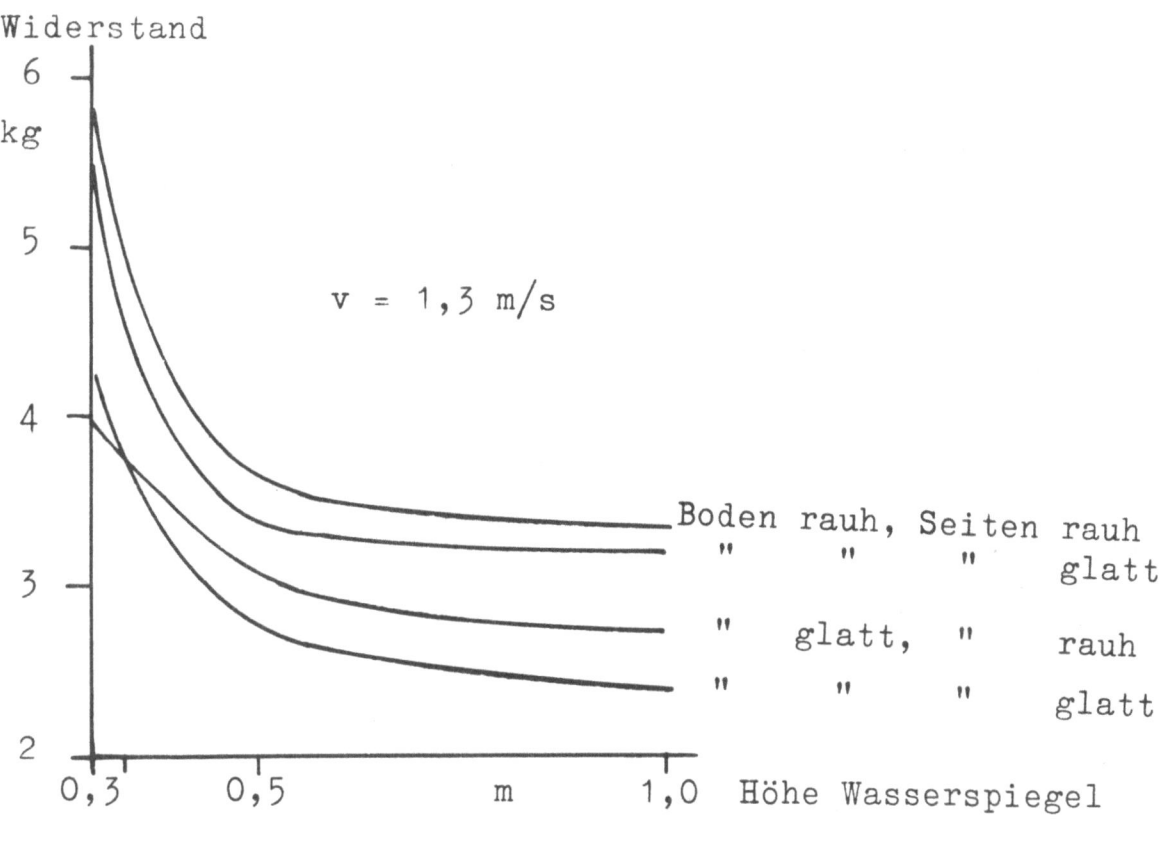

Abbildung 15

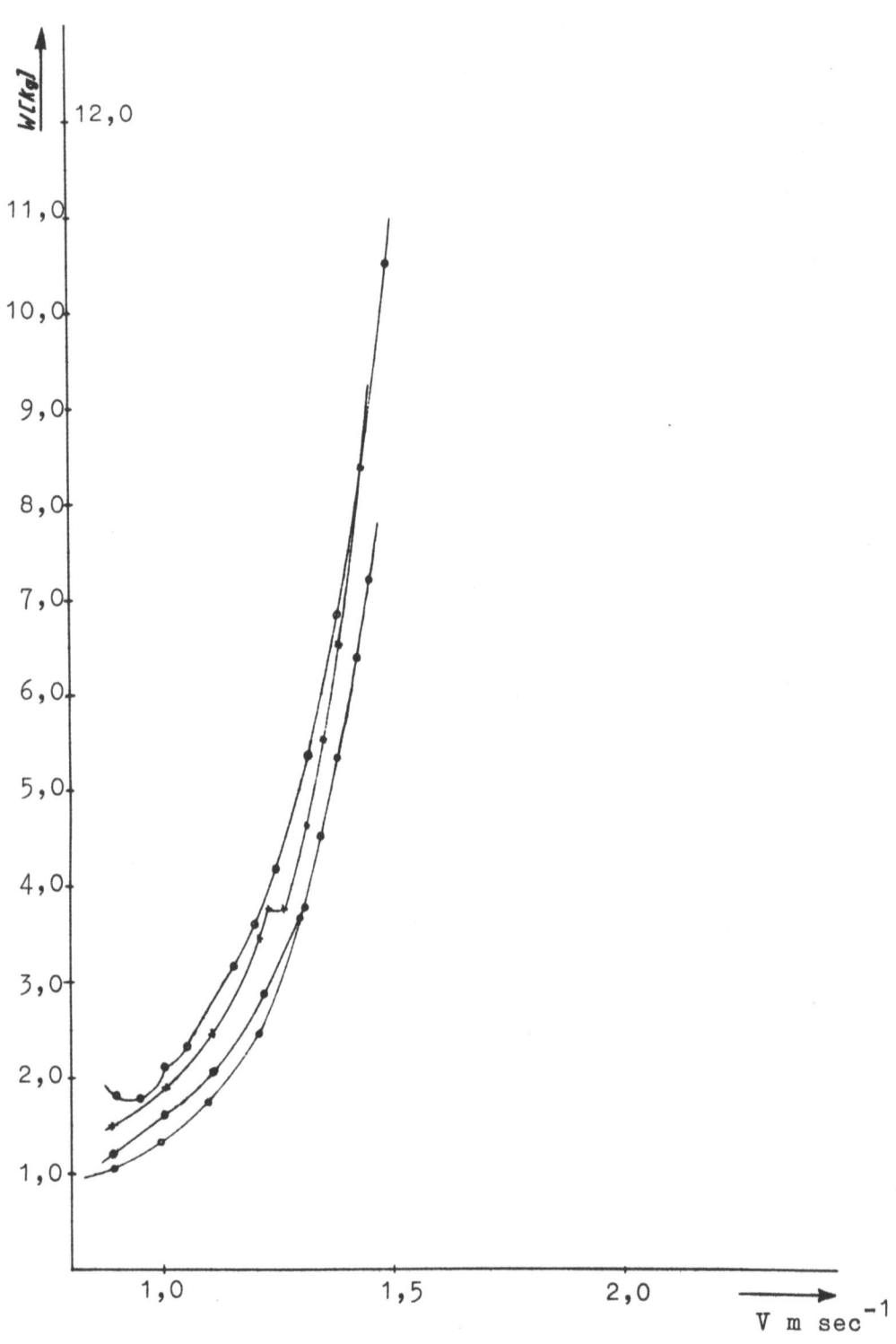

Abbildung 16
Tw = 0,338 m

20. Reihe: Boden) Seiten) rauh —o—o—   26. Reihe: Boden: rauh Seiten: glatt —x—x—

24. Reihe: Boden: glatt Seiten: rauh —•—•—   25. Reihe: Boden) Seiten) glatt —o—o—

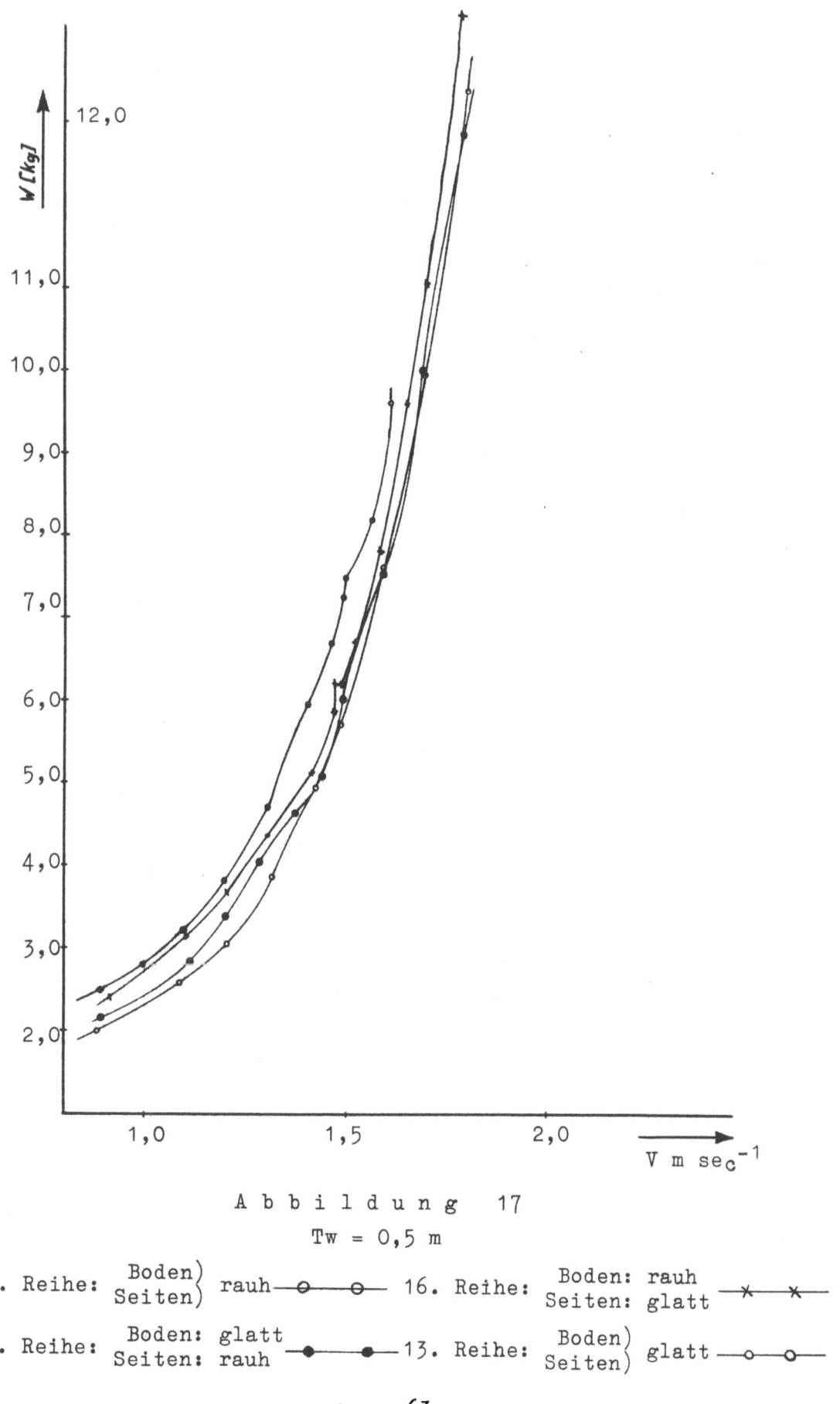

A b b i l d u n g   17
Tw = 0,5 m

19. Reihe: Boden) Seiten) rauh —o——o—   16. Reihe: Boden: rauh / Seiten: glatt —x——x—

22. Reihe: Boden: glatt / Seiten: rauh —•——•—   13. Reihe: Boden) Seiten) glatt —o——o—

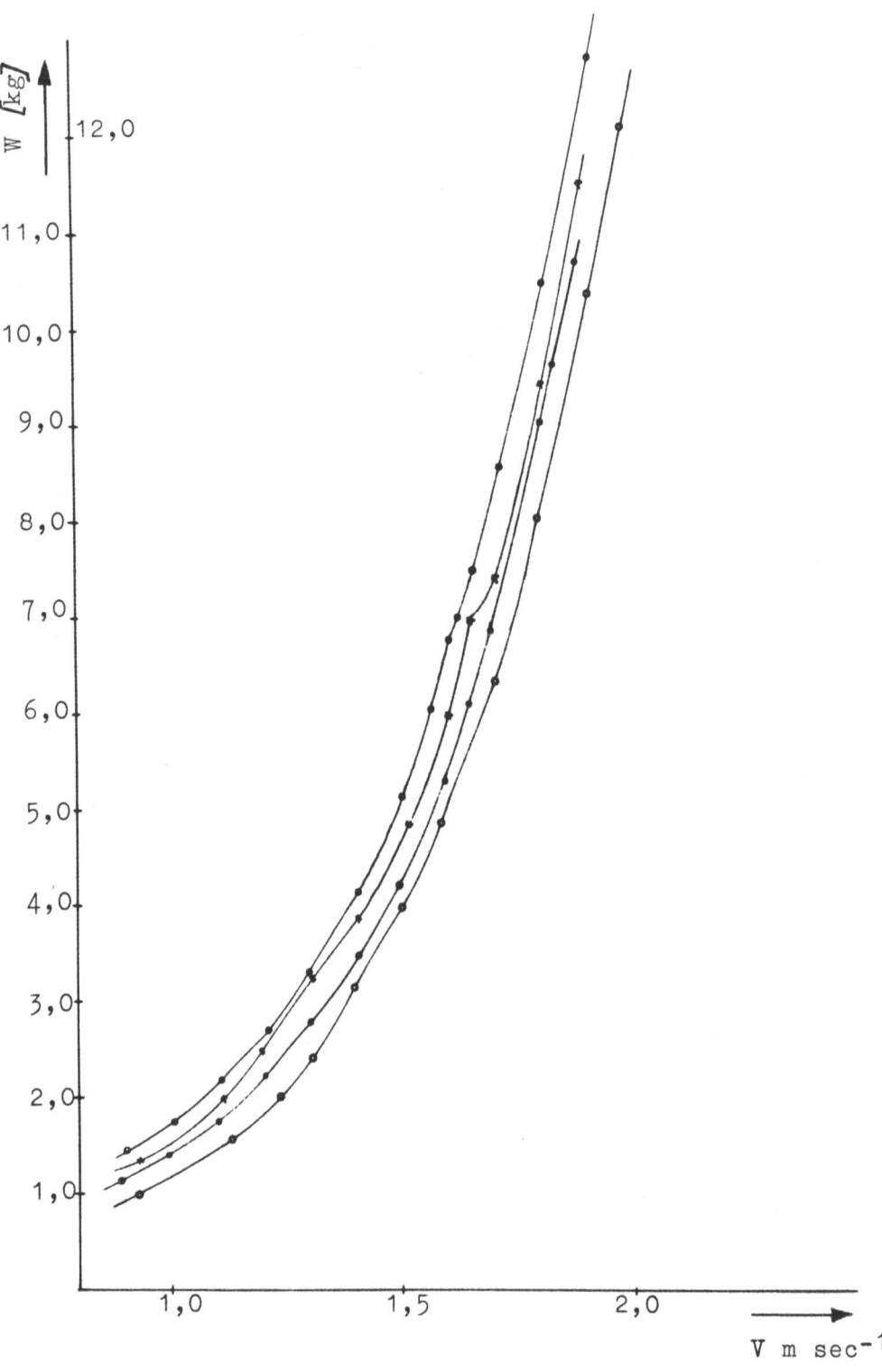

Abbildung 18

Tw = 1,0 m

21. Reihe: Boden) Seiten) rauh —o—o— 15. Reihe: Boden: rauh Seiten: glatt —x—x—

23. Reihe: Boden: glatt Seiten: rauh —•—•— 14. Reihe: Boden) Seiten) glatt —o—o—

Forschungsberichte des Wirtschafts- und Verkehrsministeriums Nordrhein-Westfalen

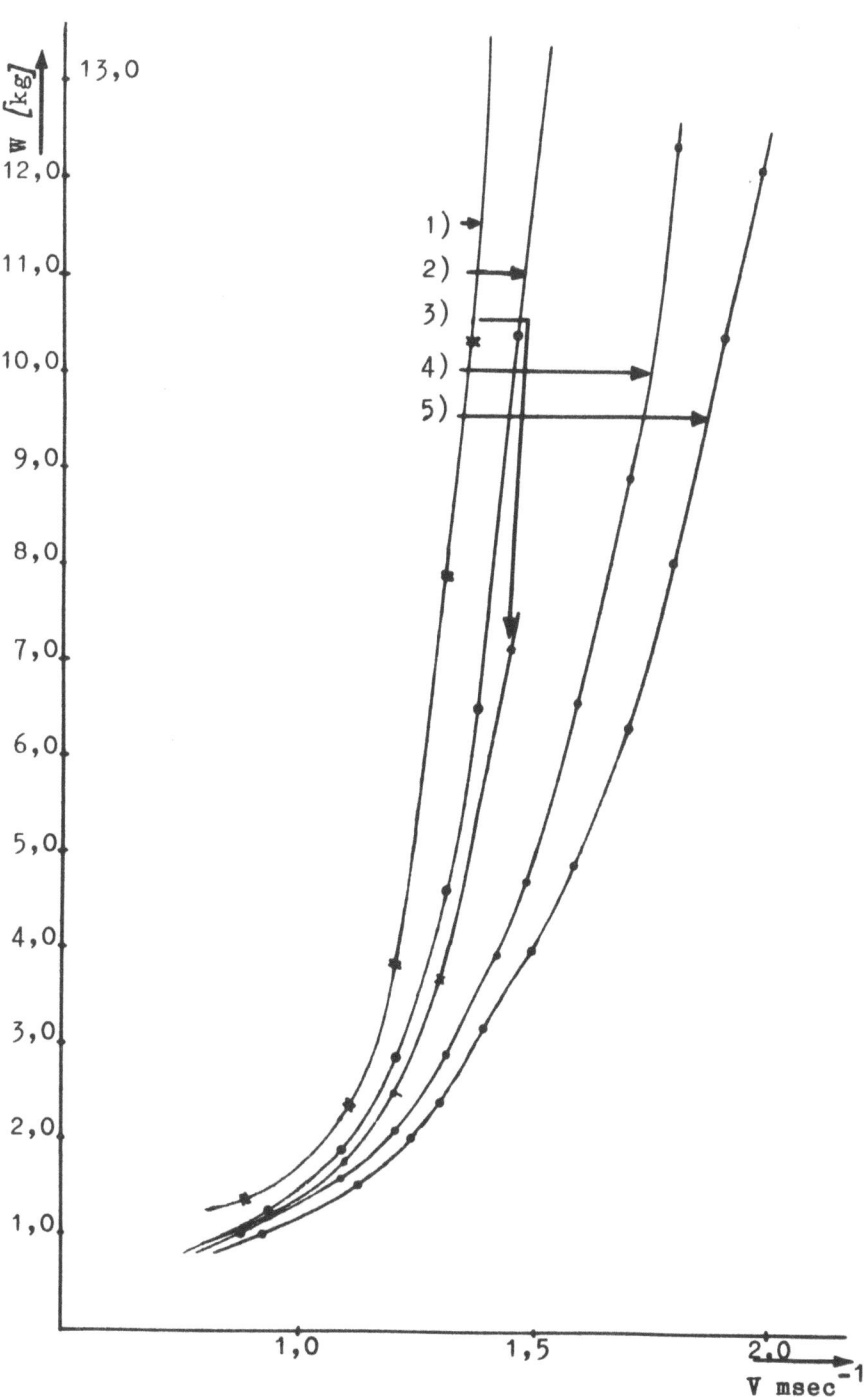

A b b i l d u n g   19

Modellzustand Boden) glatt
Seiten)

1) 9. Reihe: $T_g = 0,20$ m; $T_w = 0,3$ m
2) 10. Reihe: $T_g = 0,16$ m; $T_w = 0,3$ m
3) 25. Reihe: $T_g = 0,16$ m; $T_w = 0,338$ m
4) 13. Reihe: $T_g = 0,16$ m; $T_w = 0,5$ m
5) 14. Reihe: $T_g = 0,16$ m; $T_w = 1,0$ m

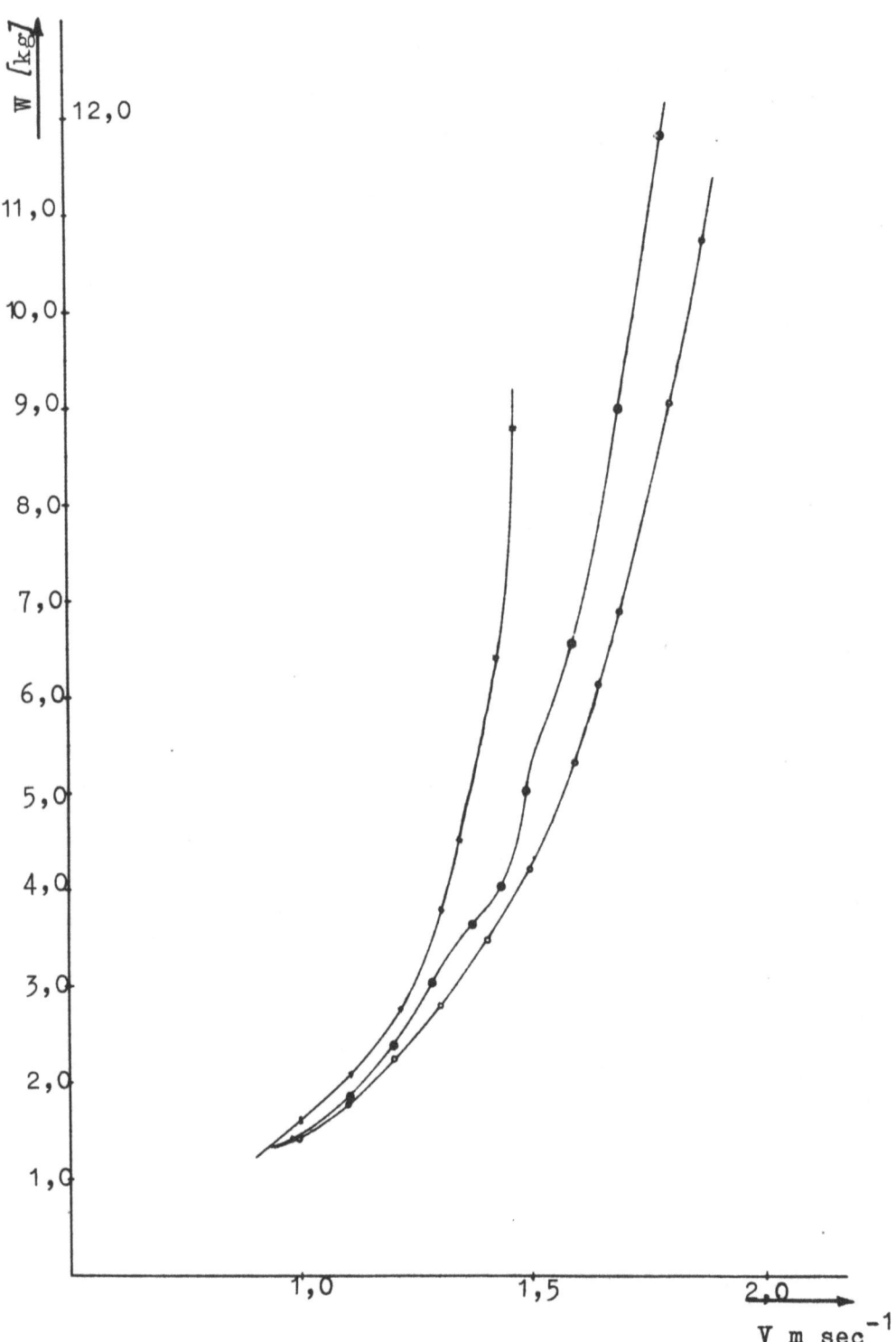

A b b i l d u n g   20

Modellzustand Boden: glatt
               Seiten: rauh

24. Reihe: Tw = 0,338 m   22. Reihe: Tw = 0,5 m
       23. Reihe: Tw = 0,998 m

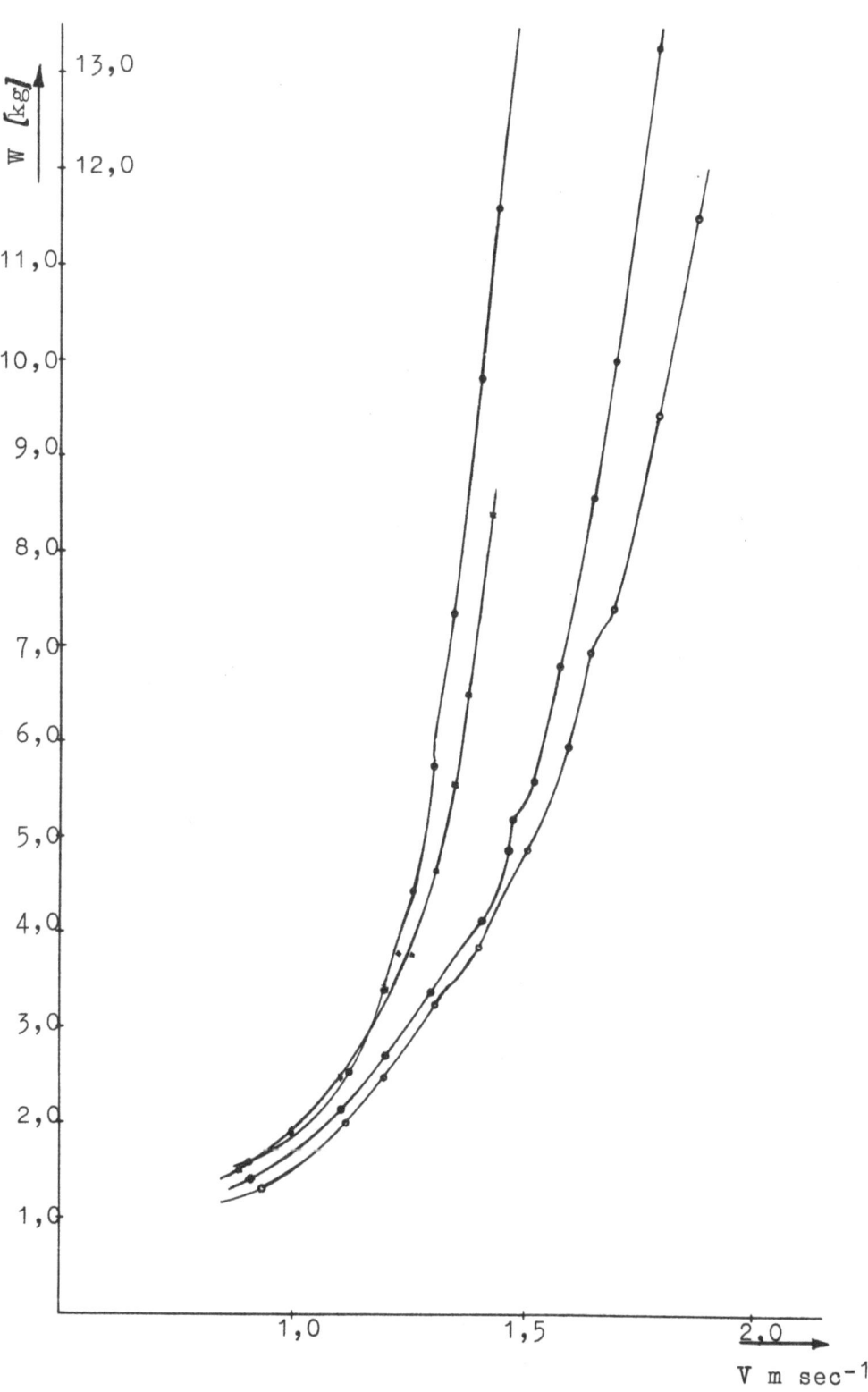

Abbildung 21

Modellzustand: Boden: rauh
Seiten: glatt

—o—o— 17. Reihe: Tw = 0,3 m —*—*— 26. Reihe: Tw = 0,338 m
—•—•— 16. Reihe: Tw = 0,5 m —o—o— 15. Reihe: Tw = 1,0 m

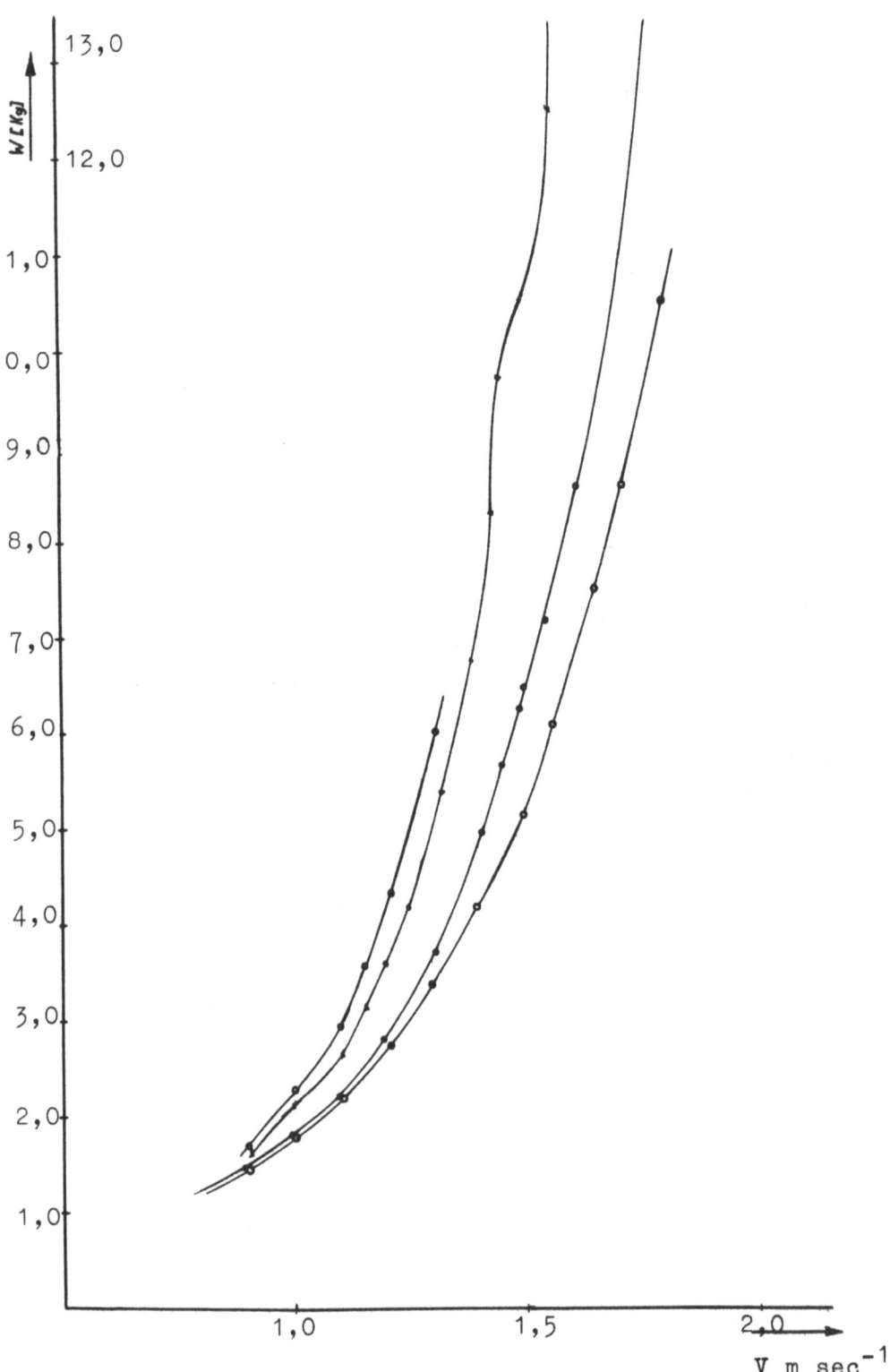

A b b i l d u n g   22

Modellzustand: Boden) Seiten) rauh

—o—o— 18. Reihe: Tw = 0,3 m   —x—x— 20. Reihe: Tw = 0,338 m
—•—•— 19. Reihe: Tw = 0,5 m   —o—o— 21. Reihe: Tw = 1,0 m

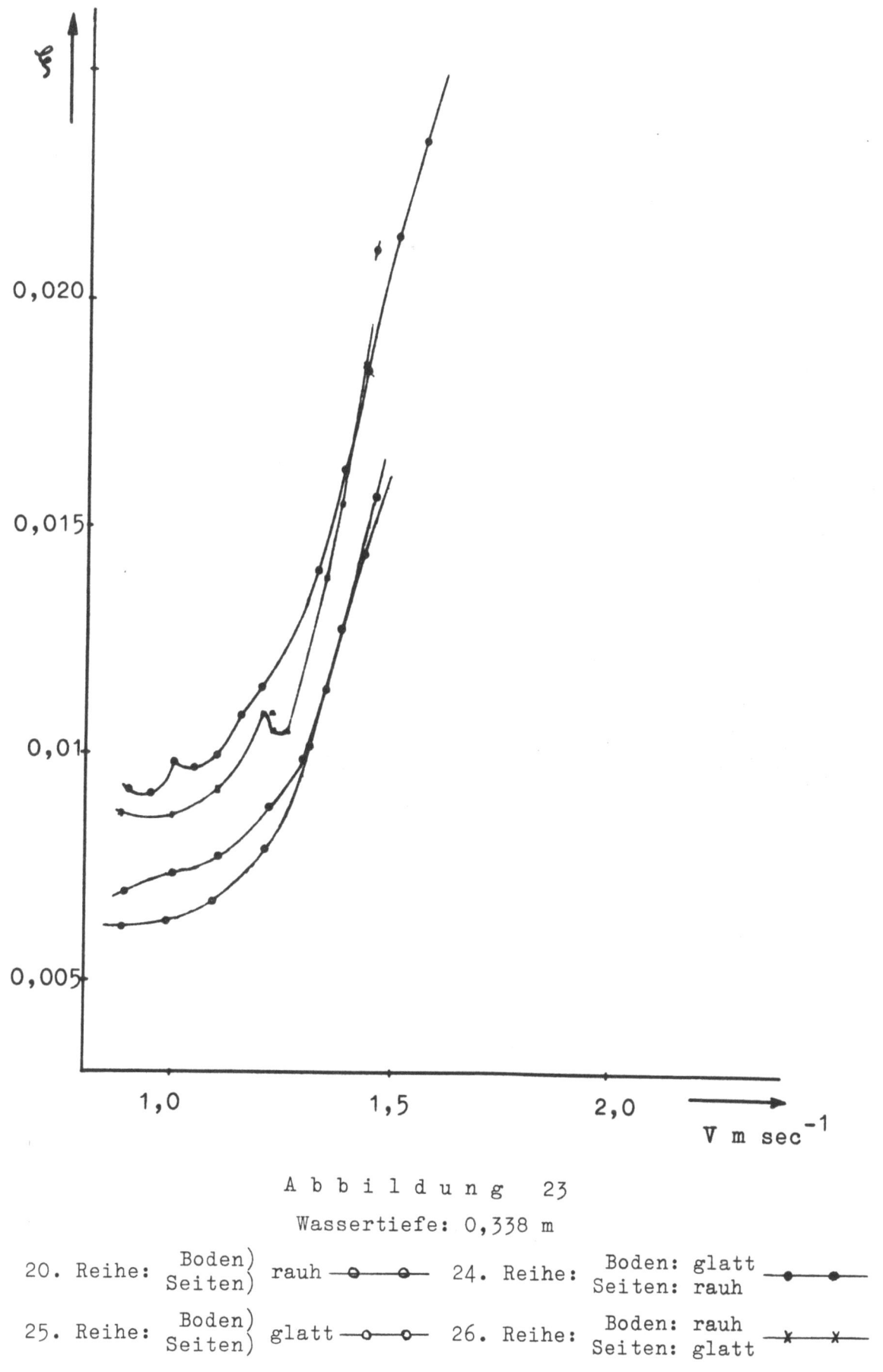

Abbildung 23
Wassertiefe: 0,338 m

20. Reihe: Boden) Seiten) rauh —o——o— 24. Reihe: Boden: glatt Seiten: rauh —•——•—

25. Reihe: Boden) Seiten) glatt —o——o— 26. Reihe: Boden: rauh Seiten: glatt —x——x—

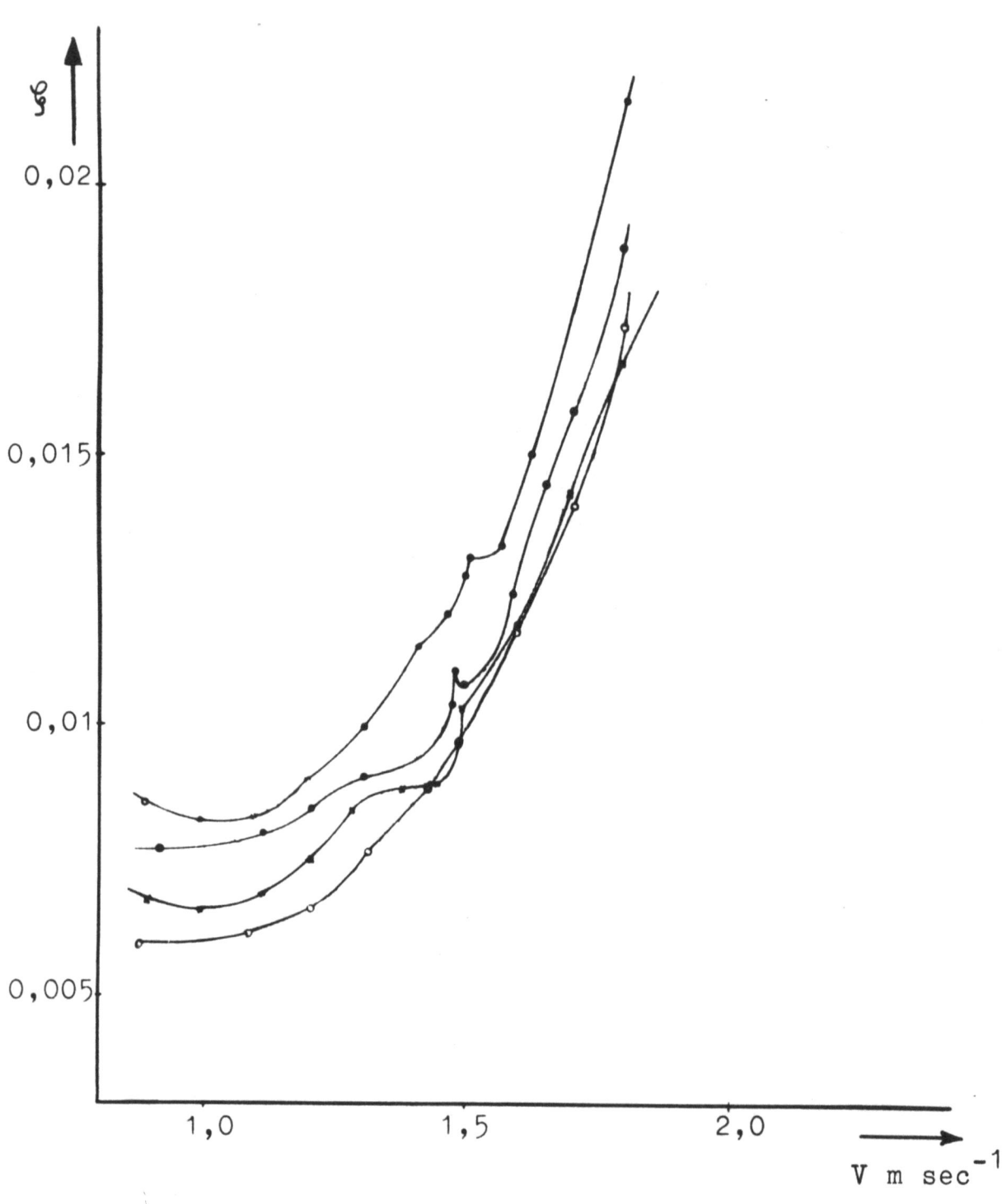

Abbildung 24.
Wassertiefe: 0,5 m

19. Reihe: Boden) Seiten) rauh —o——o— 16. Reihe: Boden: rauh Seiten: glatt —•——•—

22. Reihe: Boden: glatt Seiten: rauh —×——×— 13. Reihe: Boden) Seiten) glatt —o——o—

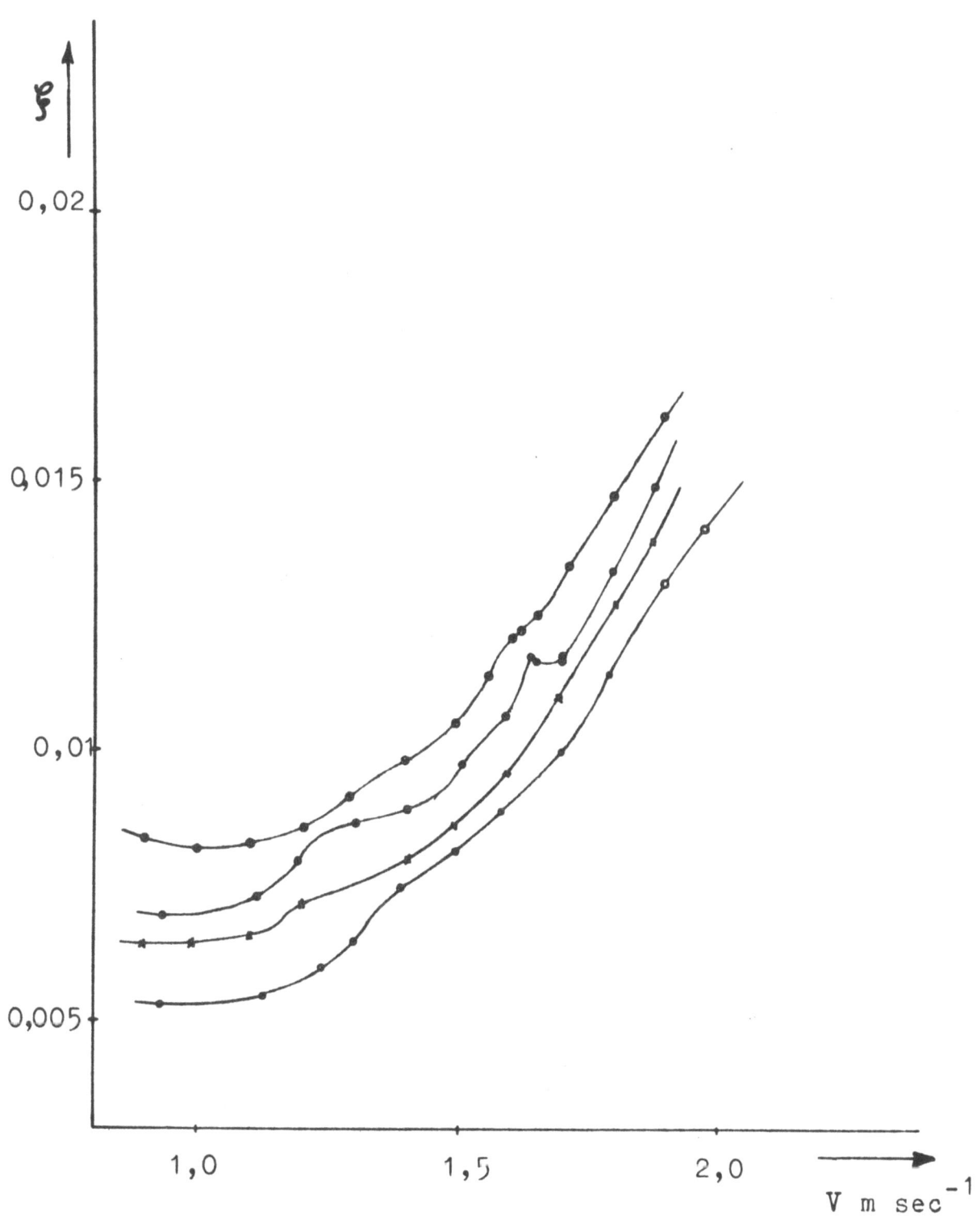

A b b i l d u n g 25

Wassertiefe: 1,0 m

21. Reihe: Boden: rauh / Seiten: rauh —o—o— 15. Reihe: Boden: rauh / Seiten: glatt —•—•—

23. Reihe: Boden: glatt / Seiten: rauh —*—*— 14. Reihe: Boden) / Seiten) glatt —o—o—

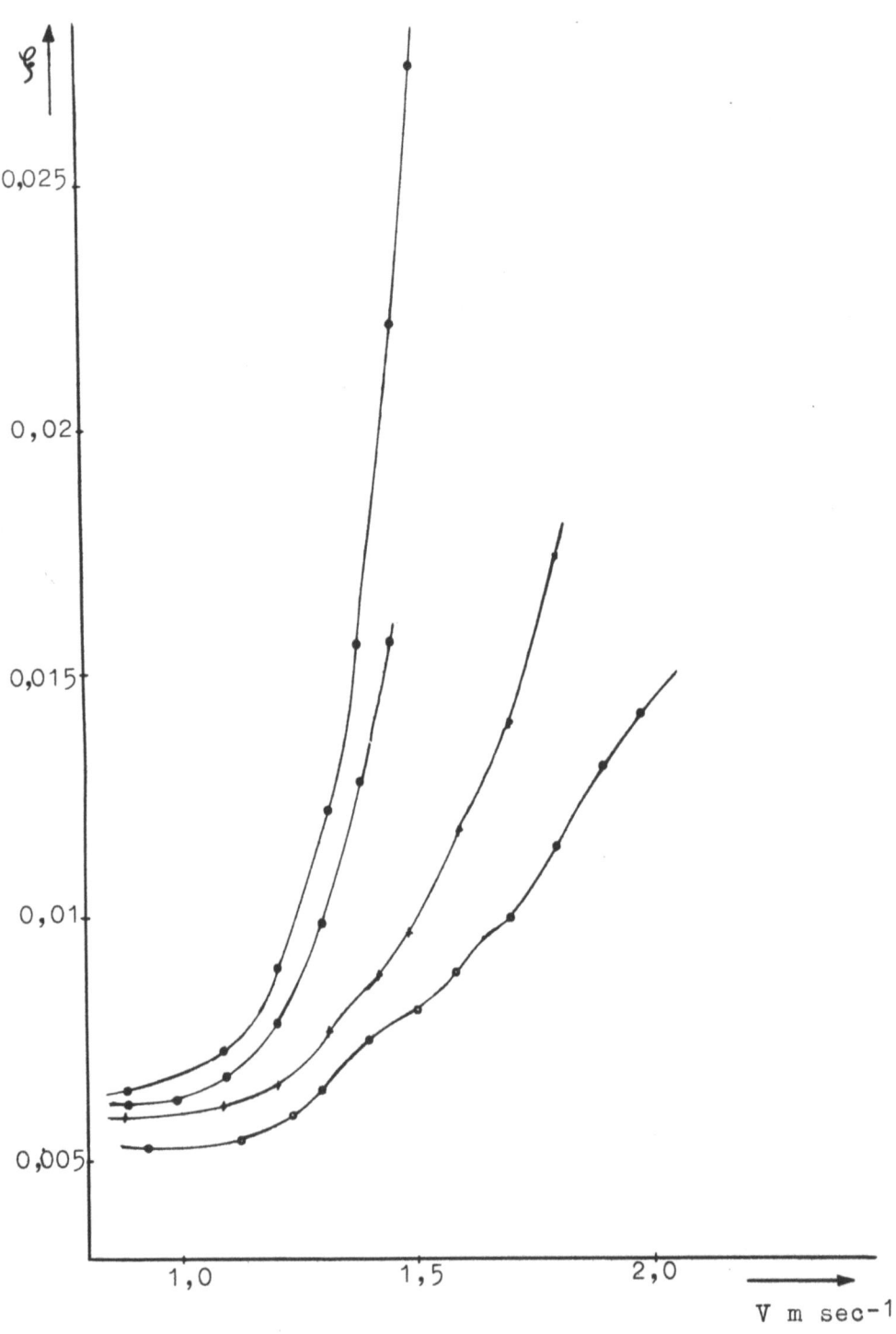

Abbildung 26

Boden ⎫
Seiten ⎭ glatt

10. Reihe: Tw = 0,3 m —o—o— 25. Reihe: Tw = 0,338 m —•—•—
13. Reihe: Tw = 0,50 m —x—x— 14. Reihe: Tw = 1,0 m —o—o—

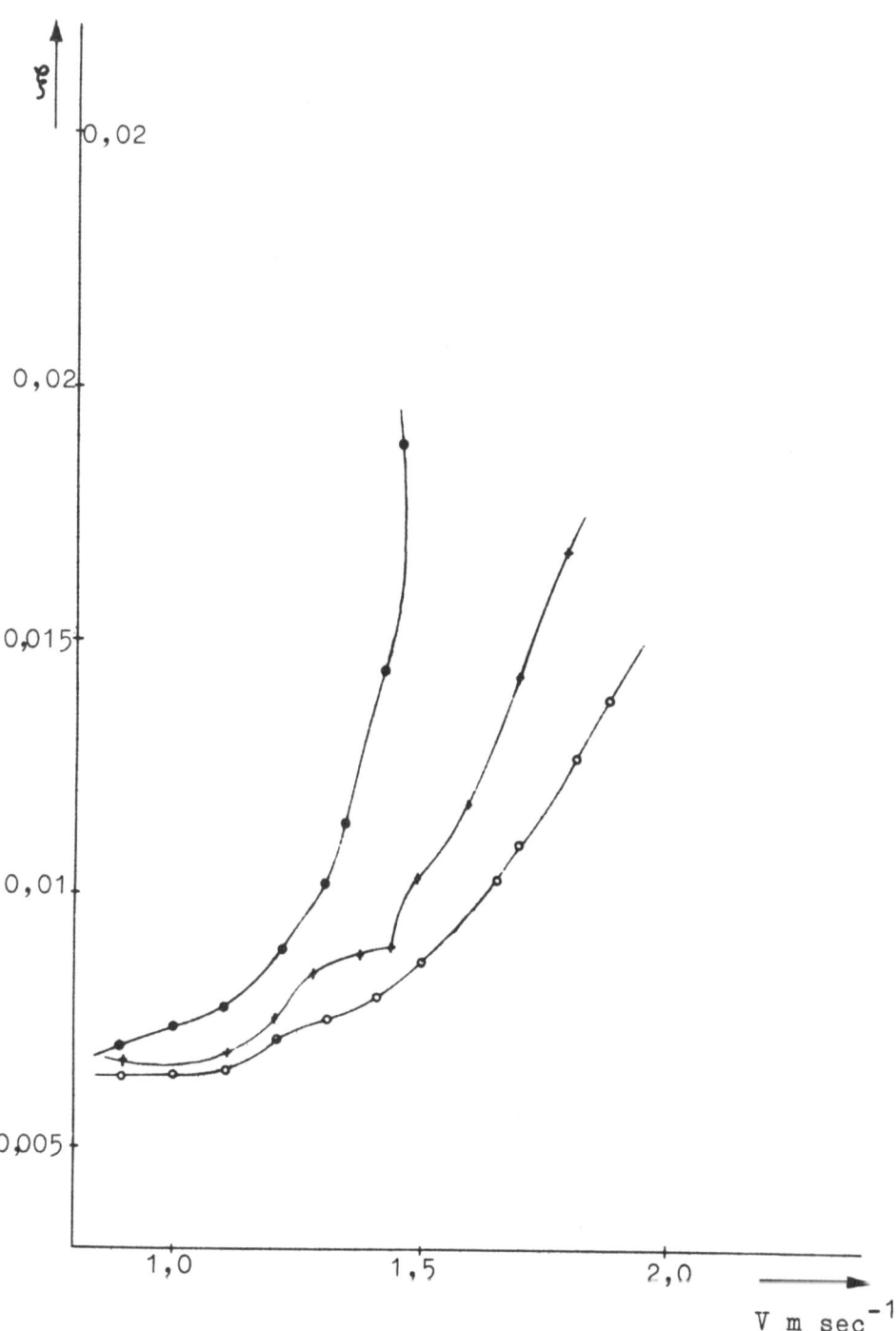

A b b i l d u n g   27
Boden: glatt, Seiten: rauh
24. Reihe: Tw = 0,338 m —•—•— 22. Reihe: Tw = 0,5 m —✗—✗—
23. Reihe: Tw = 0,998 m —o—o—

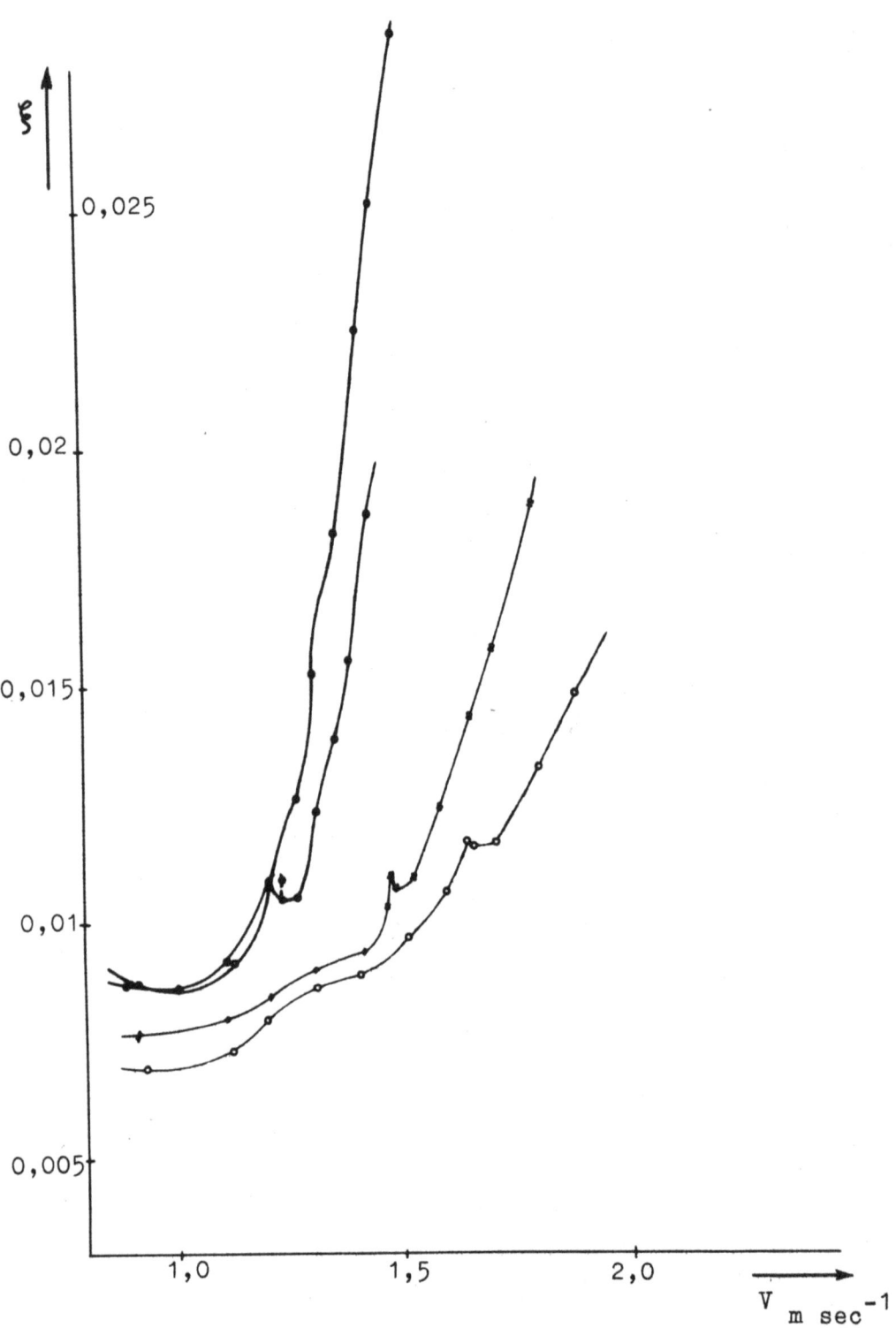

Abbildung 28
Boden: rauh, Seiten: glatt
17. Reihe: $T_w = 0,3$ m —o—o—   26. Reihe: $T_w = 0,338$ m —•—•—
16. Reihe: $T_w = 0,5$ m —*—*—   15. Reihe: $T_w = 1,0$ m —o—o—

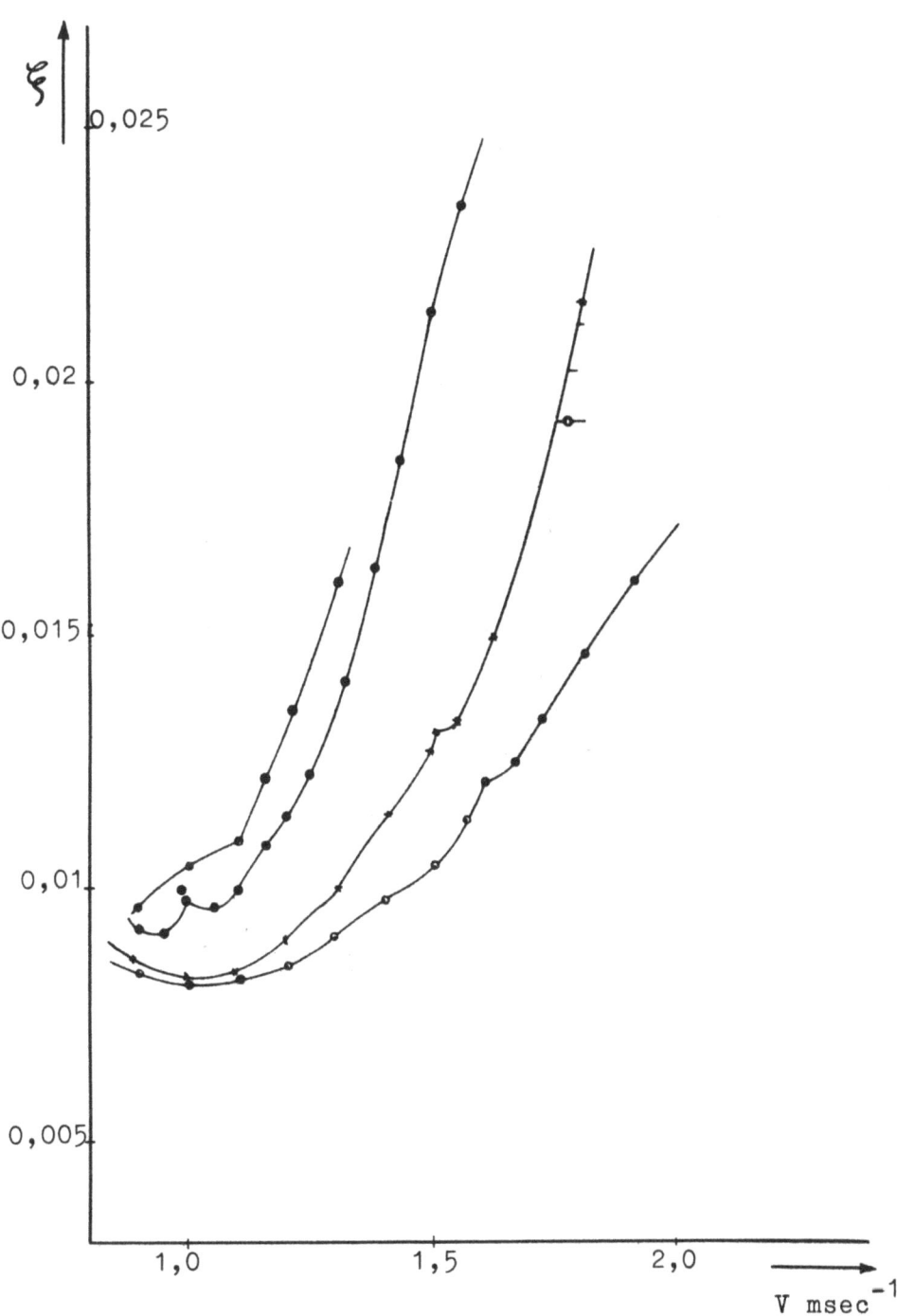

Abbildung 29

Boden ⎫
Seiten ⎭ rauh

18. Reihe: Tw = 0,3 m —o——o— 20. Reihe: Tw = 0,338 m —•——•—
19. Reihe: Tw = 0,5 m —x——x— 21. Reihe: Tw = 1,0 m —o——o—

Forschungsberichte des Wirtschafts- und Verkehrsministeriums Nordrhein-Westfalen

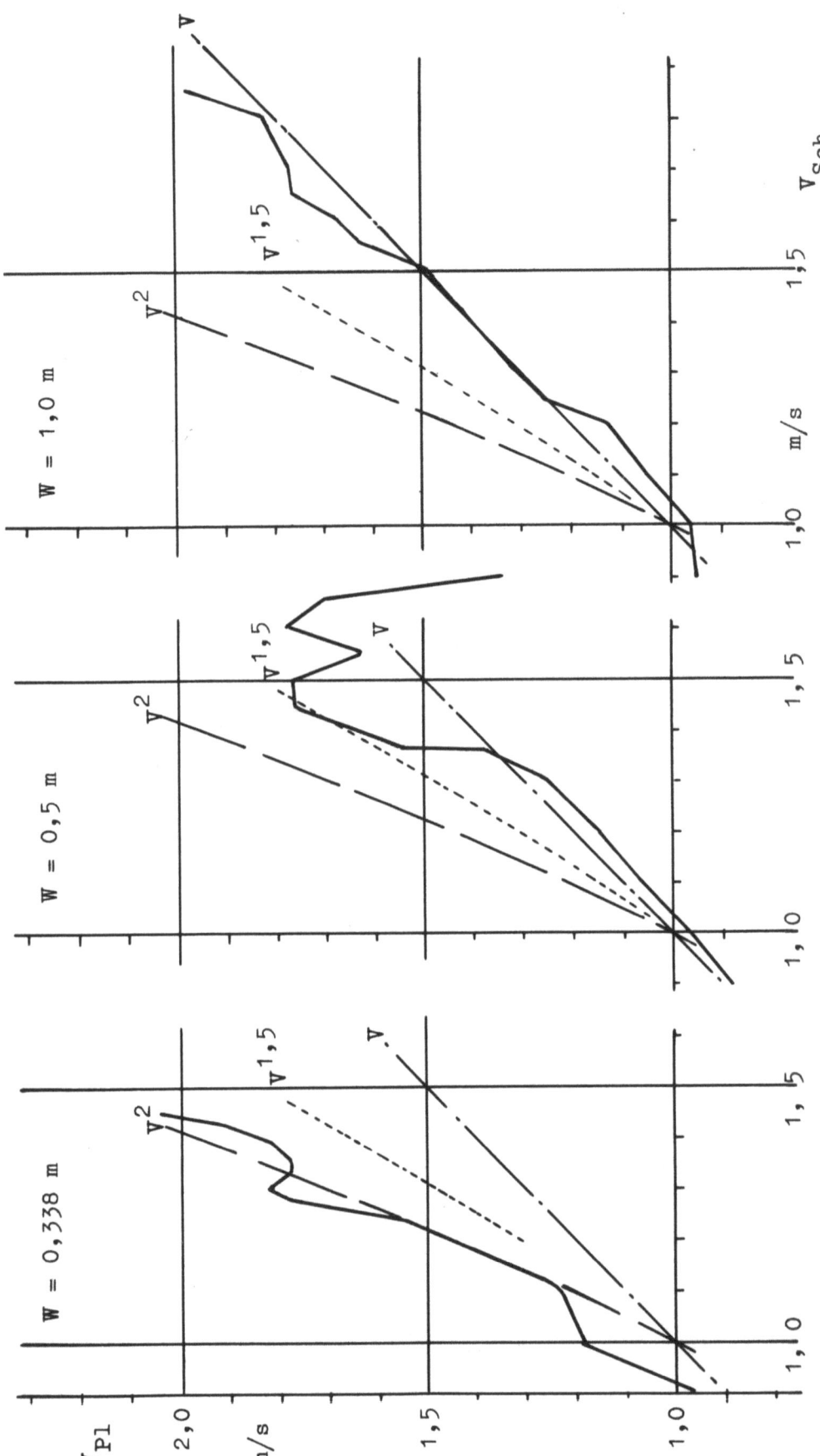

Abbildung 30

Seitenwand rauh – Geschwindigkeit an der Bodenplatte

Forschungsberichte des Wirtschafts- und Verkehrsministeriums Nordrhein-Westfalen

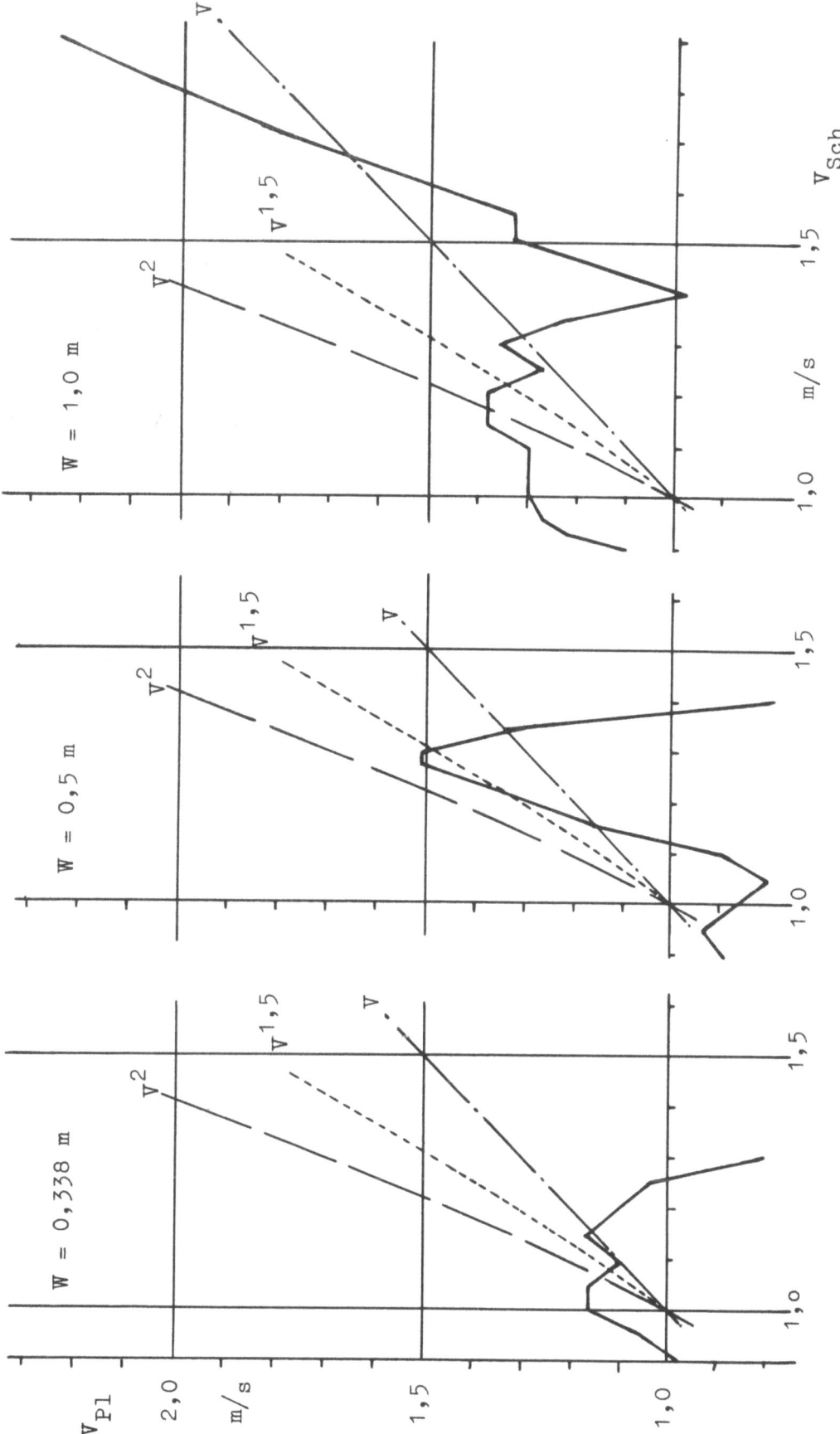

Abbildung 31

Bodenplatte glatt - Geschwindigkeit an der Seitenwand

Forschungsberichte des Wirtschafts- und Verkehrsministeriums Nordrhein-Westfalen

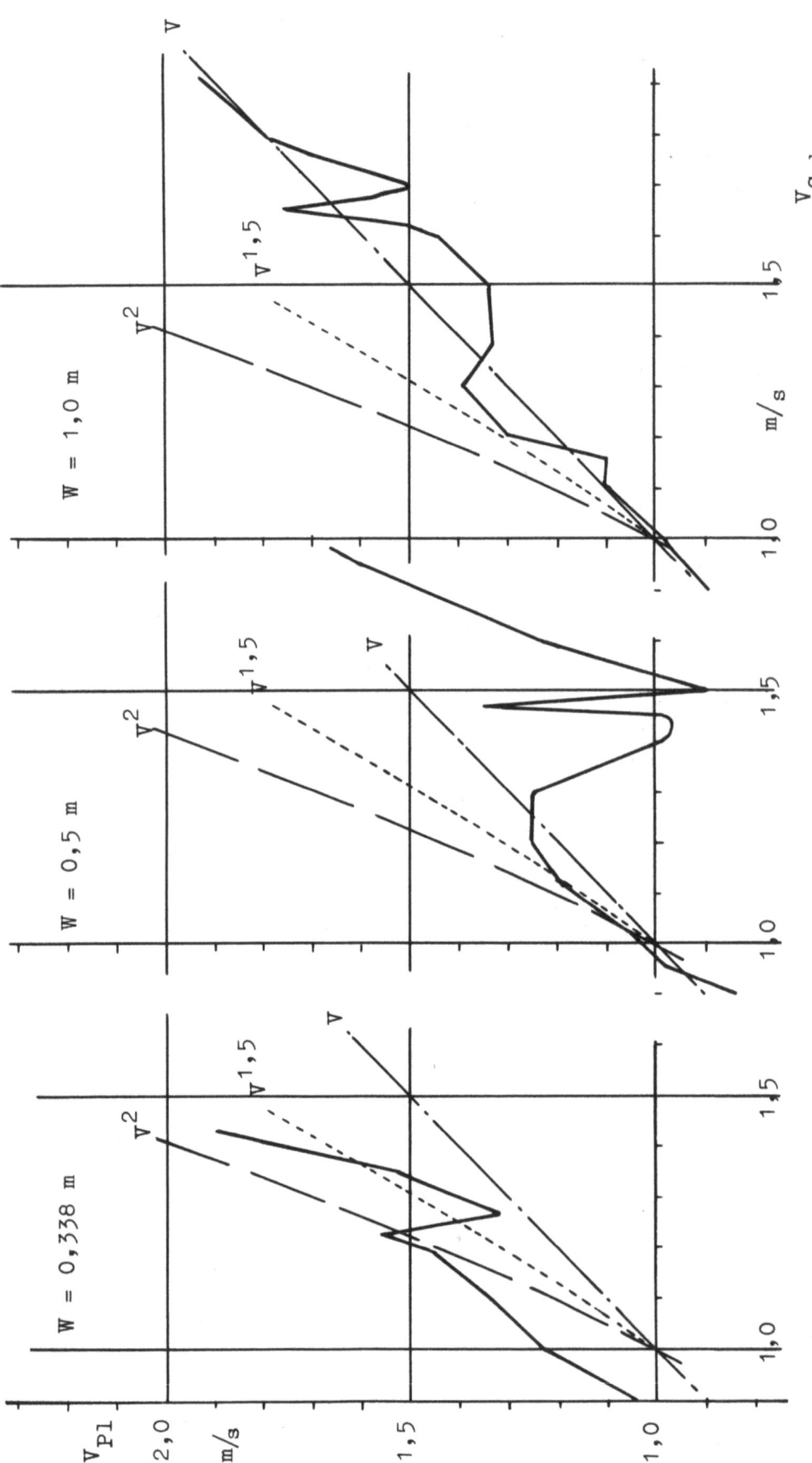

Abbildung 32

Seitenwand glatt — Geschwindigkeit an der Bodenplatte

Forschungsberichte des Wirtschafts- und Verkehrsministeriums Nordrhein-Westfalen

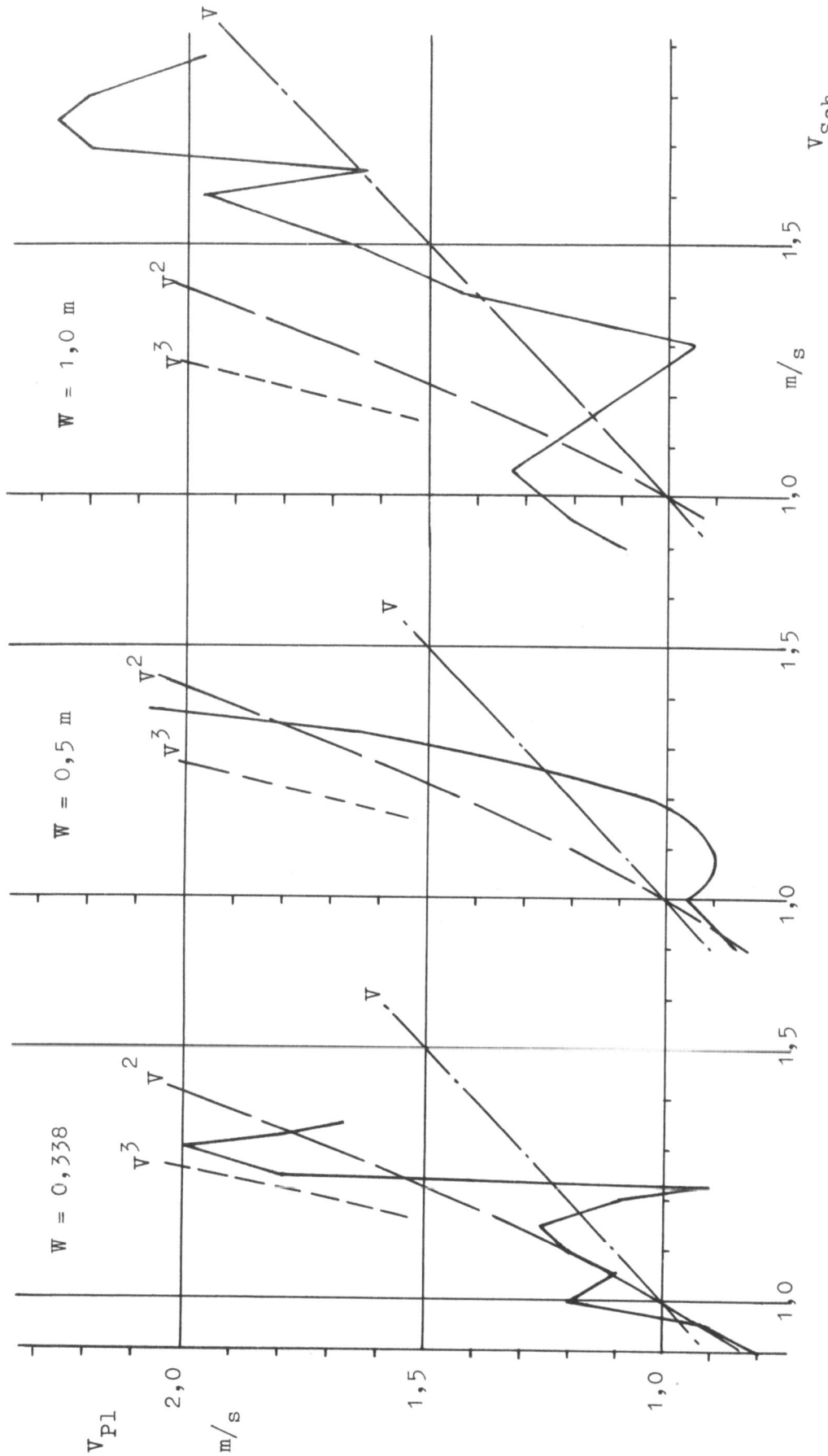

Abbildung 33

Bodenplatte rauh — Geschwindigkeit an der Seitenwand

Forschungsberichte des Wirtschafts- und Verkehrsministeriums Nordrhein-Westfalen

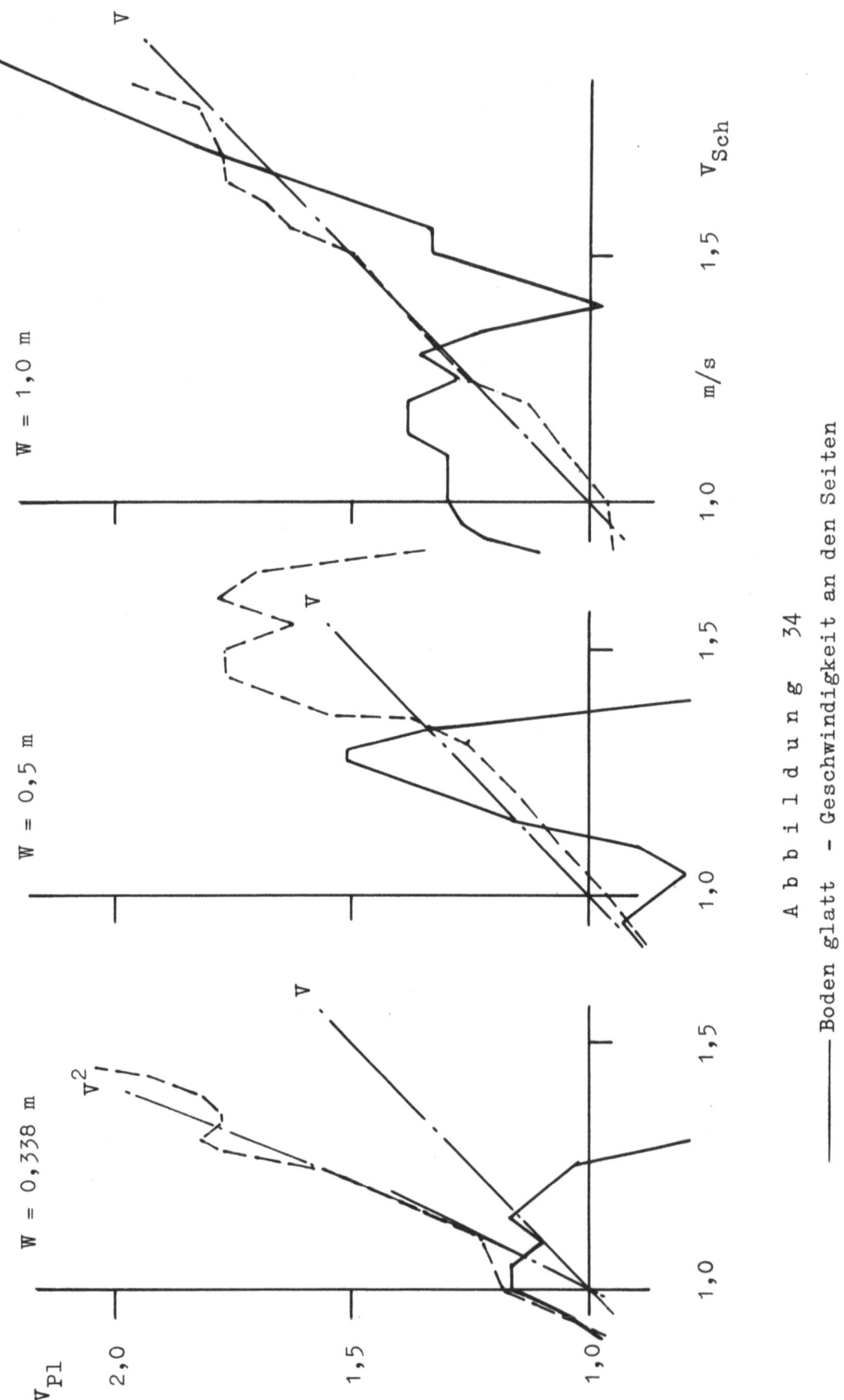

Abbildung 34
―――― Boden glatt - Geschwindigkeit an den Seiten
― ― ― Seiten rauh - " " dem Boden

Forschungsberichte des Wirtschafts- und Verkehrsministeriums Nordrhein-Westfalen

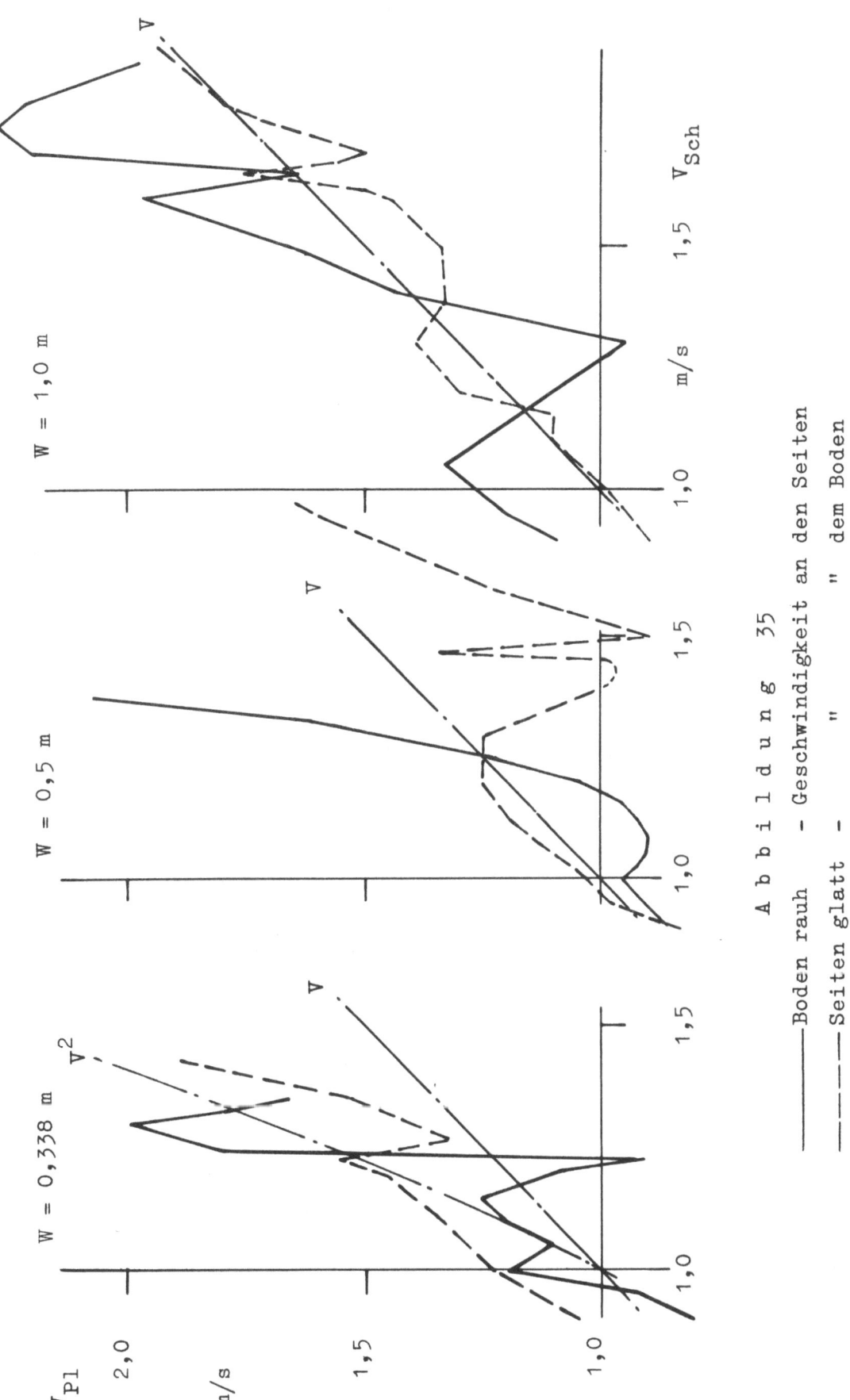

Abbildung 35 — Geschwindigkeit an den Seiten
— " — " dem Boden
— — — Boden rauh
— · — Seiten glatt

Forschungsberichte des Wirtschafts- und Verkehrsministeriums Nordrhein-Westfalen

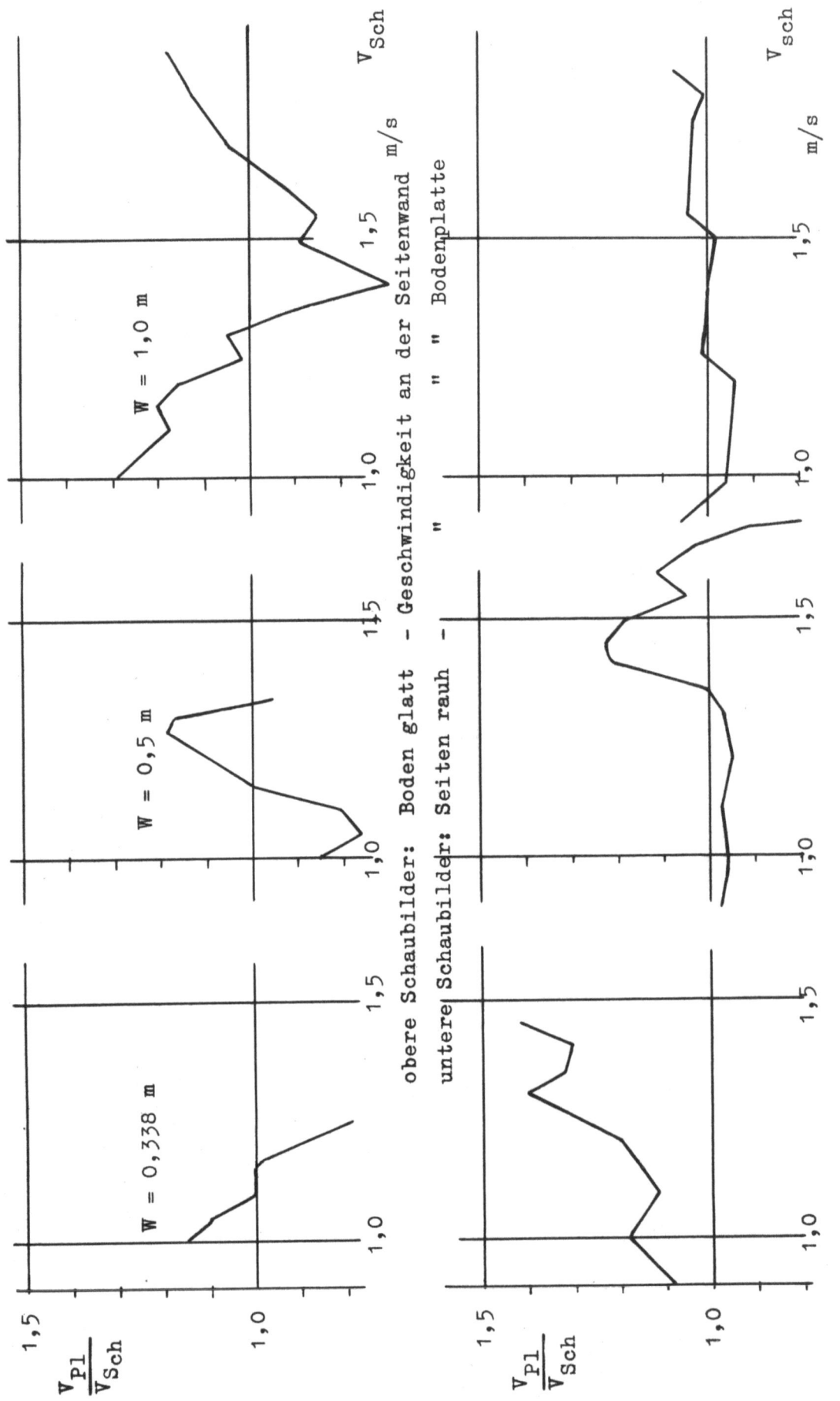

Abbildung 36

Forschungsberichte des Wirtschafts- und Verkehrsministeriums Nordrhein-Westfalen

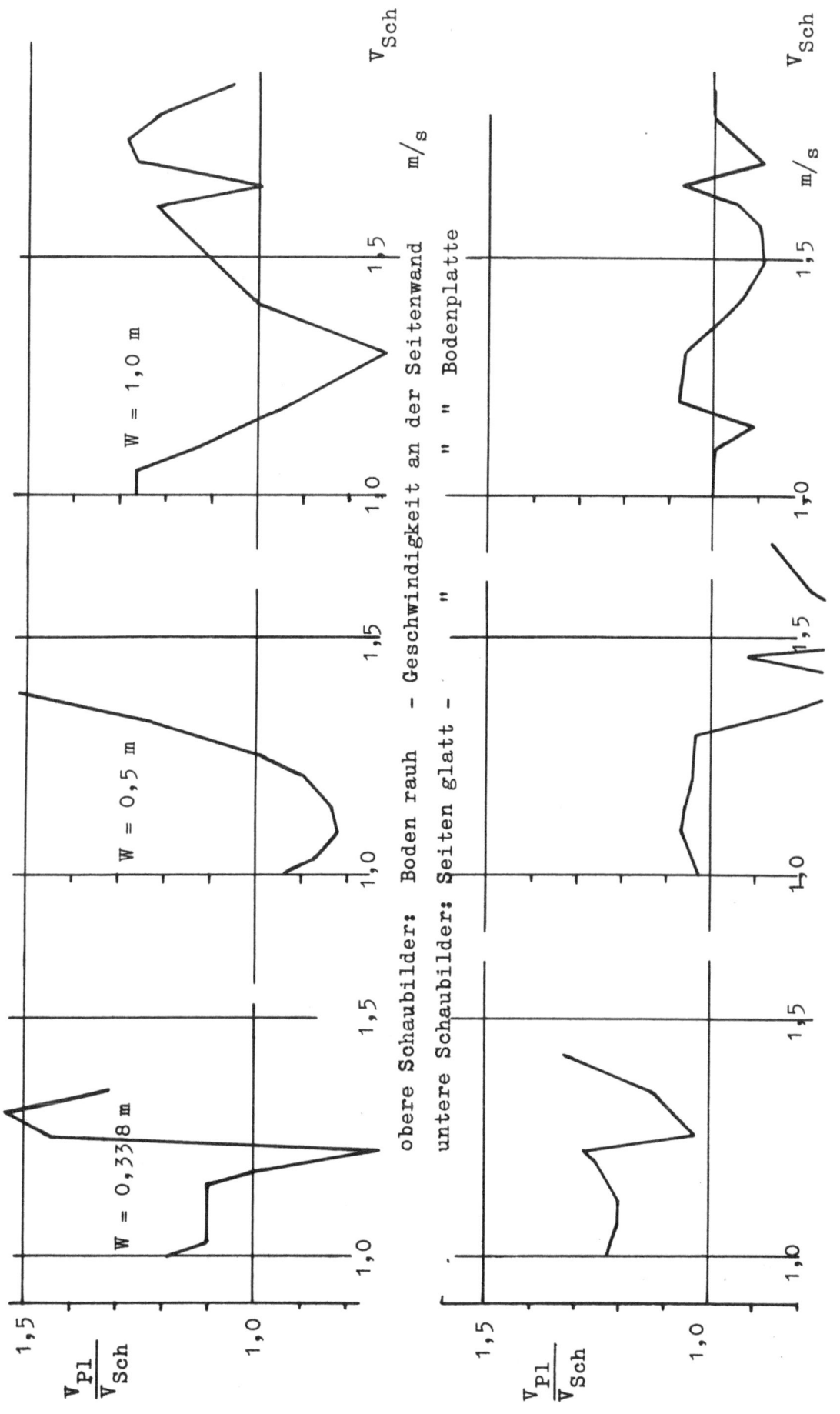

Abbildung 37

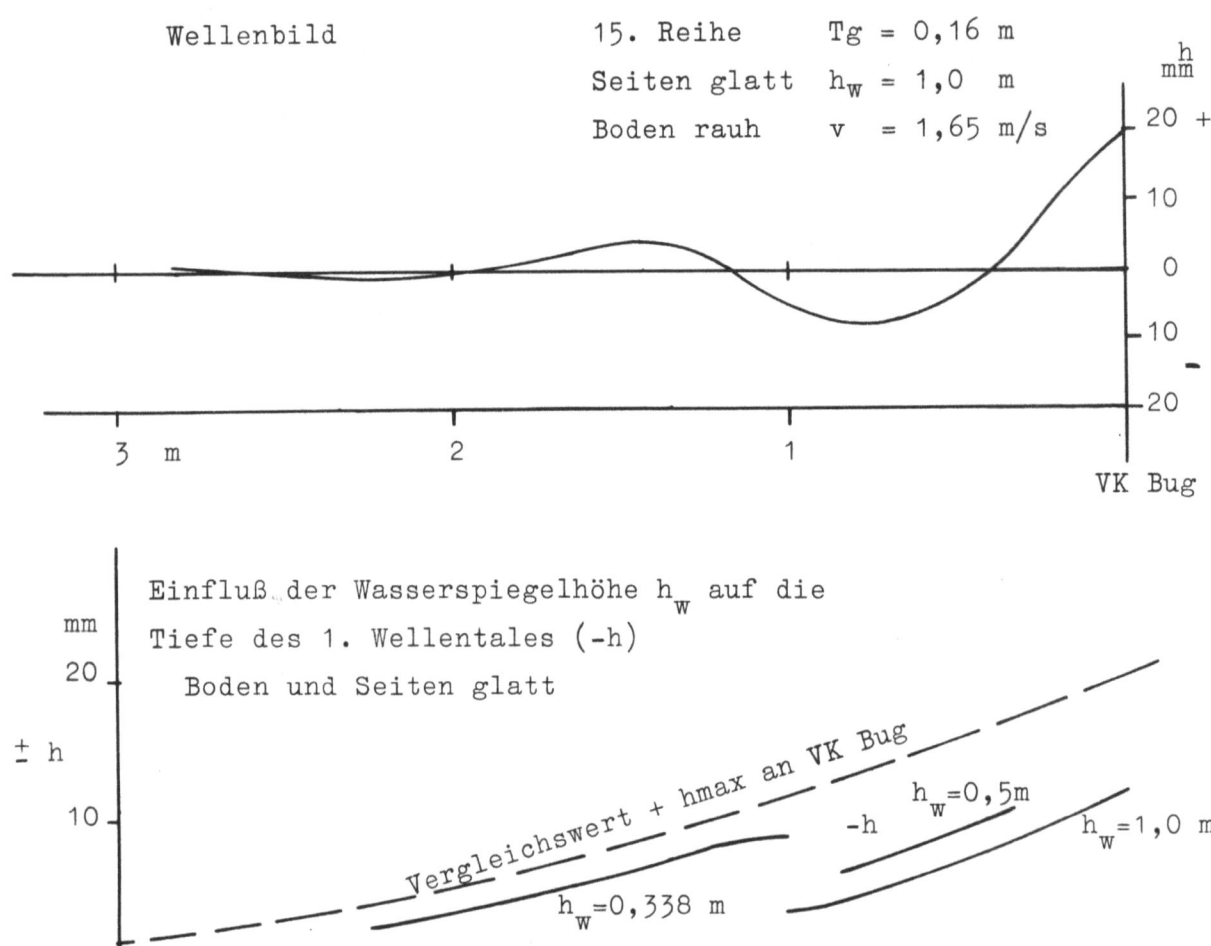

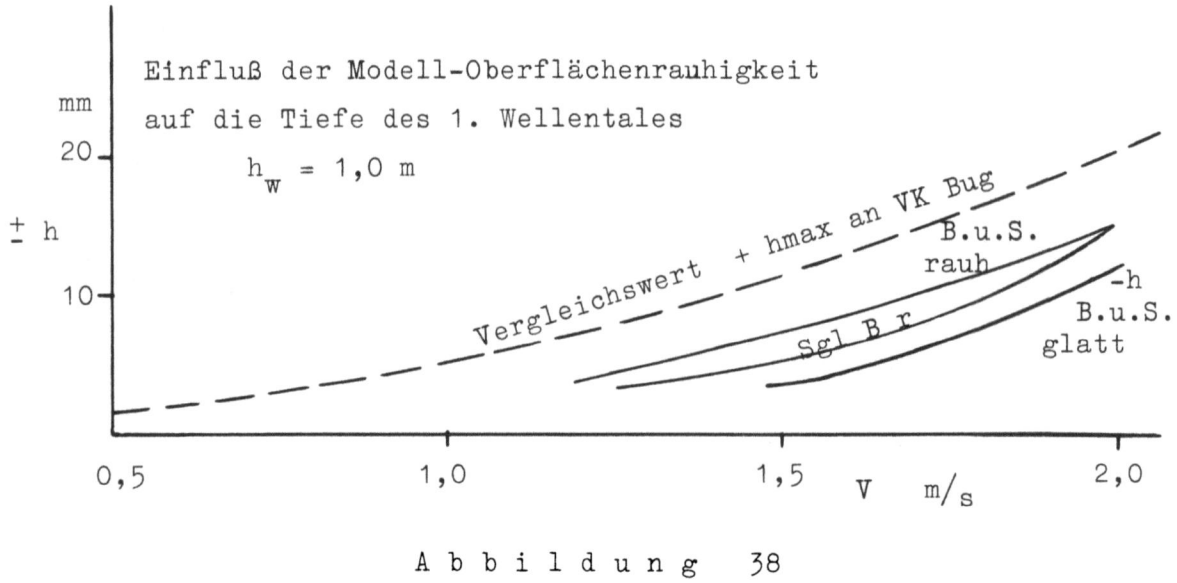

Abbildung 38

Forschungsberichte des Wirtschafts- und Verkehrsministeriums Nordrhein-Westfalen

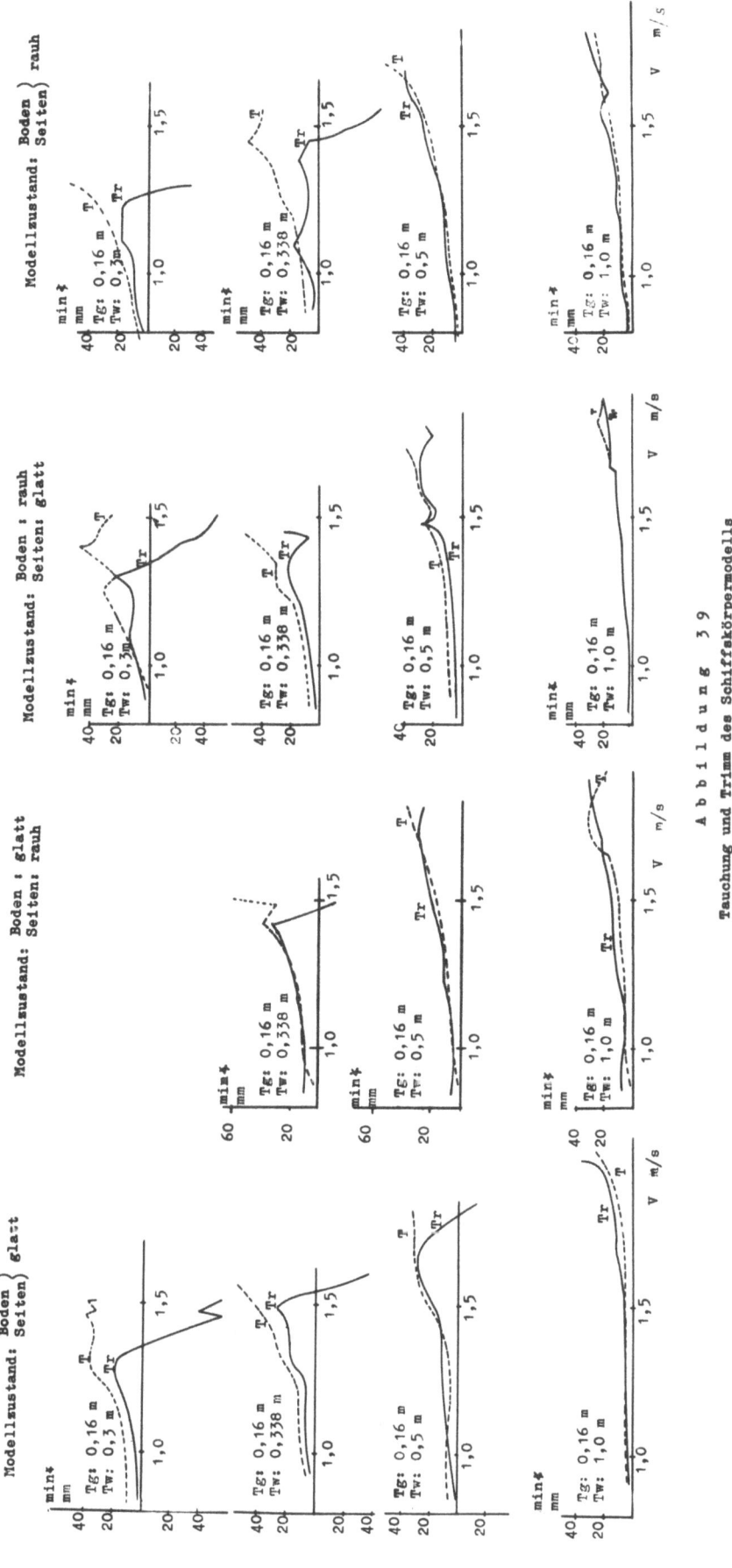

Abbildung 39
Tauchung und Trimm des Schiffskörpermodells

FORSCHUNGSBERICHTE
DES WIRTSCHAFTS- UND VERKEHRSMINISTERIUMS
NORDRHEIN-WESTFALEN

Herausgegeben von Staatssekretär Prof. Dr. h. c. Leo Brandt

HEFT 1
Prof. Dr.-Ing. E. Flegler, Aachen
Untersuchungen oxydischer Ferromagnet-Werkstoffe
1952, 20 Seiten, DM 6,75

HEFT 2
Prof. Dr. W. Fuchs, Aachen
Untersuchungen über absatzfreie Teeröle
1952, 32 Seiten, 5 Abb., 6 Tabellen, DM 10,—

HEFT 3
Techn.-Wissenschaftl. Büro für die Bastfaserindustrie, Bielefeld
Untersuchungsarbeiten zur Verbesserung des Leinenwebstuhls
1952, 44 Seiten, 7 Abb., 3 Tabellen, DM 12,50

HEFT 4
Prof. Dr. E. A. Müller und Dipl.-Ing. H. Spitzer, Dortmund
Untersuchungen über die Hitzebelastung in Hüttenbetrieben
1952, 28 Seiten, 5 Abb., 1 Tabelle, DM 9,—

HEFT 5
Dipl.-Ing. W. Fister, Aachen
Prüfstand der Turbinenuntersuchungen
1952, 40 Seiten, 30 Abb., 3 Schaltbilder, DM 1,—

HEFT 6
Prof. Dr. W. Fuchs, Aachen
Untersuchungen über die Zusammensetzung und Verwendbarkeit von Schwelteerfraktionen
1952, 36 Seiten, DM 10,50

HEFT 7
Prof. Dr. W. Fuchs, Aachen
Untersuchungen über emsländisches Petrolatum
1952, 36 Seiten, 1 Abb., 17 Tabellen, DM 10,50

HEFT 8
M. E. Meffert und H. Stratmann, Essen
Algen-Großkulturen im Sommer 1951
1953, 52 Seiten, 4 Abb., 20 Tabellen, DM 9,75

HEFT 9
Techn.-Wissenschaftl. Büro für die Bastfaserindustrie, Bielefeld
Untersuchungen über die zweckmäßige Wicklungsart von Leinengarnkreuzspulen unter Berücksichtigung der Anwendung hoher Geschwindigkeiten des Garnes
Vorversuche für Zetteln und Schären von Leinengarnen auf Hochleistungsmaschinen
1952, 48 Seiten, 7 Abb., 7 Tabellen, DM 9,25

HEFT 10
Prof. Dr. W. Vogel, Köln
„Das Streifenpaar" als neues System zur mechanischen Vergrößerung kleiner Verschiebungen und seine technischen Anwendungsmöglichkeiten
1953, 20 Seiten, 6 Abb., DM 4,50

HEFT 11
Laboratorium für Werkzeugmaschinen und Betriebslehre, Technische Hochschule Aachen
1. Untersuchungen über Metallbearbeitung im Fräsvorgang mit Hartmetallwerkzeugen und negativem Spanwinkel
2. Weiterentwicklung des Schleifverfahrens für die Herstellung von Präzisionswerkstücken unter Vermeidung hoher Temperaturen
3. Untersuchung von Oberflächenveredlungsverfahren zur Steigerung der Belastbarkeit hochbeanspruchter Bauteile
1953, 80 Seiten, 61 Abb., DM 15,75

HEFT 12
Elektrowärme-Institut, Langenberg (Rhld.)
Induktive Erwärmung mit Netzfrequenz
1952, 22 Seiten, 6 Abb., DM 5,20

HEFT 13
Techn.-Wissenschaftl. Büro für die Bastfaserindustrie, Bielefeld
Das Naßspinnen von Bastfasergarnen mit chemischen Zusätzen zum Spinnbad
1953, 52 Seiten, 4 Abb., 19 Tabellen, DM 10,—

HEFT 14
Forschungsstelle für Acetylen, Dortmund
Untersuchungen über Aceton als Lösungsmittel für Acetylen
1952, 64 Seiten, 10 Abb., 26 Tabellen, DM 12,25

HEFT 15
Wäschereiforschung Krefeld
Trocknen von Wäschestoffen
1953, 48 Seiten, 14 Abb., 2 Tabellen, DM 9,—

HEFT 16
Max-Planck-Institut für Kohlenforschung, Mülheim a. d. Ruhr
Arbeiten des MPI für Kohlenforschung
1953, 104 Seiten, 9 Abb., DM 17,80

HEFT 17
Ingenieurbüro Herbert Stein, M.-Gladbach
Untersuchung der Verzugsvorgänge in den Streckwerken verschiedener Spinnereimaschinen. 1. Bericht: Vergleichende Prüfung mit verschiedenen Dickenmeßgeräten
1952, 36 Seiten, 15 Abb., DM 8,—

HEFT 18
Wäschereiforschung Krefeld
Grundlagen zur Erfassung der chemischen Schädigung beim Waschen
1953, 68 Seiten, 15 Abb., 15 Tabellen, DM 12,75

HEFT 19
Techn.-Wissenschaftl. Büro für die Bastfaserindustrie, Bielefeld
Die Auswirkung des Schlichtens von Leinengarnketten auf den Verarbeitungswirkungsgrad, sowie die Festigkeit und Dehnungsverhältnisse der Garne und Gewebe
1953, 48 Seiten, 1 Abb., 9 Tabellen, DM 9,—

HEFT 20
Techn.-Wissenschaftl. Büro für die Bastfaserindustrie, Bielefeld
Trocknung von Leinengarnen I
Vorgang und Einwirkung auf die Garnqualität
1953, 62 Seiten, 18 Abb., 5 Tabellen, DM 12,—

HEFT 21
Techn.-Wissenschaftl. Büro für die Bastfaserindustrie, Bielefeld
Trocknung von Leinengarnen II
Spulenanordnung und Luftführung beim Trocknen von Kreuzspulen
1953, 66 Seiten, 22 Abb., 9 Tabellen, DM 13,—

HEFT 22
Techn.-Wissenschaftl. Büro für die Bastfaserindustrie, Bielefeld
Die Reparaturanfälligkeit von Webstühlen
1953, 28 Seiten, 7 Abb., 5 Tabellen, DM 5,80

HEFT 23
Institut für Starkstromtechnik, Aachen
Rechnerische und experimentelle Untersuchungen zur Kenntnis der Metadyne als Umformer von konstanter Spannung auf konstanten Strom
1953, 52 Seiten, 20 Abb., 4 Tafeln, DM 9,75

HEFT 24
Institut für Starkstromtechnik, Aachen
Vergleich verschiedener Generator-Metadyne-Schaltungen in bezug auf statisches Verhalten
1952, 44 Seiten, 23 Abb., DM 8,50

HEFT 25
Gesellschaft für Kohlentechnik mbH., Dortmund-Eving
Struktur der Steinkohlen und Steinkohlen-Kokse
1953, 58 Seiten, DM 11,—

HEFT 26
Techn.-Wissenschaftl. Büro für die Bastfaserindustrie, Bielefeld
Vergleichende Untersuchungen zweier neuzeitlicher Ungleichmäßigkeitsprüfer für Bänder und Garne hinsichtlich ihrer Eignung für die Bastfaserspinnerei
1953, 64 Seiten, 30 Abb., DM 12,50

HEFT 27
Prof. Dr. E. Schratz, Münster
Untersuchungen zur Rentabilität des Arzneipflanzenanbaues Römische Kamille, Anthemis nobilis L.
1953, 16 Seiten, 1 Tabelle, DM 3,60

HEFT 28
Prof. Dr. E. Schratz, Münster
Calendula officinalis L. Studien zur Ernährung, Blütenfüllung und Rentabilität der Drogengewinnung
1953, 24 Seiten, 2 Abb., 3 Tabellen, DM 5,20

HEFT 29
Techn.-Wissenschaftl. Büro für die Bastfaserindustrie, Bielefeld
Die Ausnützung der Leinengarne in Geweben
1953, 100 Seiten, 14 Abb., 10 Tabellen, DM 17,80

HEFT 30
Gesellschaft für Kohlentechnik mbH., Dortmund-Eving
Kombinierte Entaschung und Verschwelung von Steinkohle; Aufarbeitung von Steinkohlenschlämmen zu verkokbarer oder verschwelbarer Kohle
1953, 56 Seiten, 16 Abb., 10 Tabellen, DM 10,50

HEFT 31
Dipl.-Ing. A. Stormanns, Essen
Messung des Leistungsbedarfs von Doppelsteg-Kettenförderern
1954, 54 Seiten, 18 Abb., 3 Anlagen, DM 11,—

HEFT 32
Techn.-Wissenschaftl. Büro für die Bastfaserindustrie, Bielefeld
Der Einfluß der Natriumchloridbleiche auf Qualität und Verwebbarkeit von Leinengarnen und die Eigenschaften der Leinengewebe unter besonderer Berücksichtigung des Einsatzes von Schützen- und Spulenwechselautomaten in der Leinenweberei
1953, 64 Seiten, 2 Abb., 12 Tabellen, DM 11,50

HEFT 33
Kohlenstoffbiologische Forschungsstation e. V.
Eine Methode zur Bestimmung von Schwefeldioxyd und Schwefelwasserstoff in Rauchgasen und in der Atmosphäre
1953, 32 Seiten, 8 Abb., 3 Tabellen, DM 6,50

HEFT 34
Textilforschungsanstalt Krefeld
Quellungs- und Entquellungsvorgänge bei Faserstoffen
1953, 52 Seiten, 13 Abb., 13 Tabellen, DM 9,80

WESTDEUTSCHER VERLAG · KÖLN UND OPLADEN

HEFT 35
Professor Dr. W. Kast, Krefeld
Feinstrukturuntersuchungen an künstlichen Zellulosefasern verschiedener Herstellungsverfahren. Teil I: Der Orientierungszustand
1953, 74 Seiten, 30 Abb., 7 Tabellen, DM 13,80

HEFT 36
Forschungsinstitut der feuerfesten Industrie, Bonn
Untersuchungen über die Trocknung von Rohton
Untersuchungen über die chemische Reinigung von Silika- und Schamotte-Rohstoffen mit chlorhaltigen Gasen
1953, 60 Seiten, 5 Abb., 5 Tabellen, DM 11,—

HEFT 37
Forschungsinstitut der feuerfesten Industrie, Bonn
Untersuchungen über den Einfluß der Probenvorbereitung auf die Kaltdruckfestigkeit feuerfester Steine
1953, 40 Seiten, 2 Abb., 5 Tabellen, DM 7,80

HEFT 38
Forschungsstelle für Acetylen, Dortmund
Untersuchungen über die Trocknung von Acetylen zur Herstellung von Dissousgas
1953, 36 Seiten, 11 Abb., 3 Tabellen, DM 6,80

HEFT 39
Forschungsgesellschaft Blechverarbeitung e. V., Düsseldorf
Untersuchungen an prägegemusterten und vorgelochten Blechen
1953, 46 Seiten, 34 Abb., DM 9,50

HEFT 40
Landesgeologe Dr.-Ing. W. Wolff, Amt für Bodenforschung, Krefeld
Untersuchungen über die Anwendbarkeit geophysikalischer Verfahren zur Untersuchung von Spateisengängen im Siegerland
1953, 46 Seiten, 8 Abb., DM 8,80

HEFT 41
Techn.-Wissenschaftl. Büro für die Bastfaserindustrie, Bielefeld
Untersuchungsarbeiten zur Verbesserung des Leinenwebstuhles II
1953, 40 Seiten, 4 Abb., 5 Tabellen, DM 7,80

HEFT 42
Professor Dr. B. Helferich, Bonn
Untersuchungen über Wirkstoffe — Fermente — in der Kartoffel und die Möglichkeit ihrer Verwendung
1953, 58 Seiten, 9 Abb., DM 11,—

HEFT 43
Forschungsgesellschaft Blechverarbeitung e. V., Düsseldorf
Forschungsergebnisse über das Beizen von Blechen
1953, 48 Seiten, 38 Abb., 2 Tabellen, DM 11,30

HEFT 44
Arbeitsgemeinschaft für praktische Dehnungsmessung, Düsseldorf
Eigenschaften und Anwendungen von Dehnungsmeßstreifen
1953, 68 Seiten, 43 Abb., 2 Tabellen, DM 13,70

HEFT 45
Losenhausenwerk Düsseldorfer Maschinenbau AG., Düsseldorf
Untersuchungen von störenden Einflüssen auf die Lastgrenzenanzeige von Dauerschwingprüfmaschinen
1953, 36 Seiten, 11 Abb., 3 Tabellen, DM 7,25

HEFT 46
Prof. Dr. W. Fuchs, Aachen
Untersuchungen über die Aufbereitung von Wasser für die Dampferzeugung in Benson-Kesseln
1953, 58 Seiten, 18 Abb., 9 Tabellen, DM 11,20

HEFT 47
Prof. Dr.-Ing. K. Krekeler, Aachen
Versuche über die Anwendung der induktiven Erwärmung zum Sintern von hochschmelzenden Metallen sowie zur Anlegierung und Vergütung von aufgespritzten Metallschichten mit dem Grundwerkstoff
1954, 66 Seiten, 39 Abb., DM 13,90

HEFT 48
Max-Planck-Institut für Eisenforschung, Düsseldorf
Spektrochemische Analyse der Gefügebestandteile in Stählen nach ihrer Isolierung
1953, 38 Seiten, 8 Abb., 5 Tabellen, DM 7,80

HEFT 49
Max-Planck-Institut für Eisenforschung, Düsseldorf
Untersuchungen über Ablauf der Desoxydation und die Bildung von Einschlüssen in Stählen
1953, 52 Seiten, 19 Abb., 3 Tabellen, DM 12,40

HEFT 50
Max-Planck-Institut für Eisenforschung, Düsseldorf
Flammspektralanalytische Untersuchung der Ferritzusammensetzung in Stählen
1953, 44 Seiten, 15 Abb., 4 Tabellen, DM 8,60

HEFT 51
Verein zur Förderung von Forschungs- und Entwicklungsarbeiten in der Werkzeugindustrie e. V., Remscheid
Untersuchungen an Kreissägeblättern für Holz, Fehler- und Spannungsprüfverfahren
1953, 50 Seiten, 23 Abb., DM 10,—

HEFT 52
Forschungsstelle für Acetylen, Dortmund
Untersuchungen über den Umsatz bei der explosiblen Zersetzung von Azetylen
a) Zersetzung von gasförmigem Azetylen
b) Zersetzung von an Silikagel absorbiertem Azetylen
1954, 48 Seiten, 8 Abb., 10 Tabellen, DM 9,25

HEFT 53
Professor Dr.-Ing. H. Opitz, Aachen
Reibwert und Verschleißmessungen an Kunststoffgleitführungen für Werkzeugmaschinen
1954, 38 Seiten, 18 Abb., DM 8,20

HEFT 54
Professor Dr.-Ing. F. A. F. Schmidt, Aachen
Schaffung von Grundlagen für die Erhöhung der spez. Leistung und Herabsetzung des spez. Brennstoffverbrauches bei Ottomotoren mit Teilbericht über Arbeiten an einem neuen Einspritzverfahren
1954, 34 Seiten, 15 Abb., DM 7,40

HEFT 55
Forschungsgesellschaft Blechverarbeitung e. V., Düsseldorf
Chemisches Glänzen von Messing und Neusilber
1954, 50 Seiten, 21 Abb., 1 Tabelle, DM 10,20

HEFT 56
Forschungsgesellschaft Blechverarbeitung e. V., Düsseldorf
Untersuchungen über einige Probleme der Behandlung von Blechoberflächen
1954, 52 Seiten, 42 Abb., DM 11,20

HEFT 57
Prof. Dr.-Ing. F. A. F. Schmidt, Aachen
Untersuchungen zur Erforschung des Einflusses des chemischen Aufbaues des Kraftstoffes auf sein Verhalten im Motor und in Brennkammern von Gasturbinen
1954, 70 Seiten, 32 Abb., DM 14,60

HEFT 58
Gesellschaft für Kohlentechnik mbH., Dortmund
Herstellung und Untersuchung von Steinkohlenschwelteer
1954, 74 Seiten, 9 Abb., 9 Tabellen, DM 13,75

HEFT 59
Forschungsinstitut der Feuerfest-Industrie e. V., Bonn
Ein Schnellanalysenverfahren zur Bestimmung von Aluminiumoxyd, Eisenoxyd und Titanoxyd in feuerfestem Material mittels organischer Farbreagenzien auf photometrischem Wege
Untersuchungen des Alkali-Gehaltes feuerfester Stoffe mit dem Flammenphotometer nach Riehm-Lange
1954, 62 Seiten, 12 Abb., 3 Tabellen, DM 11,60

HEFT 60
Forschungsgesellschaft Blechverarbeitung e. V., Düsseldorf
Untersuchungen über das Spritzlackieren im elektrostatischen Hochspannungsfeld
1954, 82 Seiten, 53 Abb., 7 Tabellen, DM 17,—

HEFT 61
Verein zur Förderung von Forschungs- und Entwicklungsarbeiten in der Werkzeugindustrie e. V., Remscheid
Schwingungs- und Arbeitsverhalten von Kreissägeblättern für Holz
1954, 54 Seiten, 31 Abb., DM 11,40

HEFT 62
Professor Dr. W. Franz, Institut für theoretische Physik der Universität Münster
Berechnung des elektrischen Durchschlags durch feste und flüssige Isolatoren
1954, 36 Seiten, DM 7,—

HEFT 63
Textilforschungsanstalt Krefeld
Neue Methoden zur Untersuchung der Wirkungsweise von Textilhilfsmitteln
Untersuchungen über Schlichtungs- und Entschlichtungsvorgänge
1954, 34 Seiten, 1 Abb., 5 Tabellen, DM 6,80

HEFT 64
Textilforschungsanstalt Krefeld
Die Kettenlängenverteilung von hochpolymeren Faserstoffen
Über die fraktionierte Fällung von Polyamiden
1954, 44 Seiten, 13 Abb., DM 8,60

HEFT 65
Fachverband Schneidwarenindustrie, Solingen
Untersuchungen über das elektrolytische Polieren von Tafelmesserklingen aus rostfreiem Stahl
1954, 90 Seiten, 38 Abb., 9 Tabellen, DM 17,35

HEFT 66
Dr.-Ing. P. Füsgen VDI †, Düsseldorf
Untersuchungen über das Auftreten des Ratterns bei selbsthemmenden Schneckengetrieben und seine Verhütung
1954, 32 Seiten, 5 Abb., DM 6,60

HEFT 67
Heinrich Wösthoff o. H. G., Apparatebau, Bochum
Entwicklung einer chemisch-physikalischen Apparatur zur Bestimmung kleinster Kohlenoxyd-Konzentrationen
1954, 94 Seiten, 48 Abb., 2 Tabellen, DM 18,25

HEFT 68
Kohlenstoffbiologische Forschungsstation e. V., Essen
Algengroßkulturen im Sommer 1952
II. Über die unsterile Großkultur von Scenedesmus obliquus
1954, 62 Seiten, 3 Abb., 29 Tabellen, DM 11,40

HEFT 69
Wäschereiforschung Krefeld
Bestimmung des Faserabbaues bei Leinen unter besonderer Berücksichtigung der Leinengarnbleiche
1954, 48 Seiten, 15 Abb., 3 Tabellen, DM 9,60

HEFT 70
Wäschereiforschung Krefeld
Trocknen von Wäschestoffen
1954, 52 Seiten, 18 Abb., 3 Tabellen, DM 10,—

HEFT 71
Prof. Dr.-Ing. K. Leist, Aachen
Kleingasturbinen, insbesondere zum Fahrzeugantrieb
1954, 114 Seiten, 85 Abb., DM 22,—

HEFT 72
Prof. Dr.-Ing. K. Leist, Aachen
Beitrag zur Untersuchung von stehenden geraden Turbinengittern mit Hilfe von Druckverteilungsmessungen
1954, 152 Seiten, 111 Abb., DM 36,20

HEFT 73
Prof. Dr.-Ing. K. Leist, Aachen
Spannungsoptische Untersuchungen von Turbinenschaufelfüßen
1954, 66 Seiten, 46 Abb., 2 Tabellen, DM 14,60

HEFT 74
Max-Planck-Institut für Eisenforschung, Düsseldorf
Versuche zur Klärung des Umwandlungsverhaltens eines sonderkarbidbildenden Chromstahls
1954, 58 Seiten, 10 Abb., DM 14,—

HEFT 75
Max-Planck-Institut für Eisenforschung, Düsseldorf
Zeit-Temperatur-Umwandlungs-Schaubilder als Grundlage der Wärmebehandlung der Stähle
1954, 44 Seiten, 13 Abb., DM 8,70

HEFT 76
Max-Planck-Institut für Arbeitsphysiologie, Dortmund
Arbeitstechnische und arbeitsphysiologische Rationalisierung von Mauersteinen
1954, 52 Seiten, 12 Abb., 3 Tabellen, DM 10,20

HEFT 77
Meteor Apparatebau Paul Schmeck GmbH., Siegen
Entwicklung von Leuchtstoffröhren hoher Leistung
1954, 46 Seiten, 12 Abb., 2 Tabellen, DM 9,15

HEFT 78
Forschungsstelle für Acetylen, Dortmund
Über die Zustandsgleichung des gasförmigen Acetylens und das Gleichgewicht Acetylen — Aceton
1954, 42 Seiten, 3 Abb., 8 Tabellen, DM 8,—

HEFT 79
Techn.-Wissenschaftl. Büro für die Bastfaserindustrie, Bielefeld
Trocknung von Leinengarnen III
Spinnspulen- und Spinnkopstrocknung
Vorgang und Einwirkung auf die Garnqualität
1954, 74 Seiten, 18 Abb., 10 Tabellen, DM 14,—

WESTDEUTSCHER VERLAG · KÖLN UND OPLADEN

HEFT 80
Techn.-Wissenschaftl. Büro für die Bastfaserindustrie, Bielefeld
Die Verarbeitung von Leinengarn auf Webstühlen mit und ohne Oberbau
1954, 30 Seiten, 2 Abb., 2 Tabellen, DM 6,—

HEFT 81
Prüf- und Forschungsinstitut für Ziegeleierzeugnisse, Essen-Kray
Die Einführung des großformatigen Einheits-Gitterziegels im Lande Nordrhein-Westfalen
1954, 54 Seiten, 2 Abb., 2 Tabellen, DM 10,—

HEFT 82
Vereinigte Aluminium-Werke AG., Bonn
Forschungsarbeiten auf dem Gebiet der Veredelung von Aluminium-Oberflächen
1954, 46 Seiten, 34 Abb., DM 9,60

HEFT 83
Prof. Dr. S. Strugger, Münster
Über die Struktur der Proplastiden
1954, 30 Seiten, 15 Abb., DM 8,40

HEFT 84
Dr. H. Baron, Düsseldorf
Über Standardisierung von Wundtextilien
1954, 32 Seiten, DM 6,40

HEFT 85
Textilforschungsanstalt Krefeld
Physikalische Untersuchungen an Fasern, Fäden, Garnen und Geweben:
Untersuchungen am Knickscheuergerät nach Weltzien
1954, 40 Seiten, 11 Abb., 8 Tabellen, DM 10,—

HEFT 86
Prof. Dr.-Ing. H. Opitz, Aachen
Untersuchungen über das Fräsen von Baustahl sowie über den Einfluß des Gefüges auf die Zerspanbarkeit
1954, 108 Seiten, 73 Abb., 7 Tabellen, DM 22,—

HEFT 87
Gemeinschaftsausschuß Verzinken, Düsseldorf
Untersuchungen über Güte von Verzinkungen
1954, 68 Seiten, 56 Abb., 3 Tabellen, DM 15,30

HEFT 88
Gesellschaft für Kohlentechnik mbH., Dortmund-Eving
Oxydation von Steinkohle mit Salpetersäure
1954, 62 Seiten, 2 Abb., 1 Tabelle, DM 11,50

HEFT 89
Verein Deutscher Ingenieure, Gleitlagerforschung, Düsseldorf und Prof. Dr.-Ing. G. Vogelpohl, Göttingen
Versuche mit Preßstoff-Lagern für Walzwerke
1954, 70 Seiten, 34 Abb., DM 14,10

HEFT 90
Forschungs-Institut der Feuerfest-Industrie, Bonn
Das Verhalten von Silikasteinen im Siemens-Martin-Ofengewölbe
1954, 62 Seiten, 15 Abb., 11 Tabellen, DM 11,90

HEFT 91
Forschungs-Institut der Feuerfest-Industrie, Bonn
Untersuchungen des Zusammenhangs zwischen Leistung und Kohlenverbrauch von Kammeröfen zum Brennen von feuerfesten Materialien
1954, 42 Seiten, 6 Abb., DM 8,30

HEFT 92
*Techn.-Wissenschaftl. Büro für die Bastfaserindustrie, Bielefeld
und Laboratorium für textile Meßtechnik, M.-Gladbach*
Messungen von Vorgängen am Webstuhl
1954, 76 Seiten, 45 Abb., DM 15,50

HEFT 93
Prof. Dr. W. Kast, Krefeld
Spinnversuche zur Strukturerfassung künstlicher Zellulosefasern
1954, 82 Seiten, 39 Abb., 6 Tabellen, DM 16,—

HEFT 94
Prof. Dr. G. Winter, Bonn
Die Heilpflanzen des MATTHIOLUS (1611) gegen Infektionen der Harnwege und Verunreinigung der Wunden bzw. zur Förderung der Wundheilung im Lichte der Antibiotikaforschung
1954, 58 Seiten, 1 Abb., 2 Tabellen, DM 11,50

HEFT 95
Prof. Dr. G. Winter, Bonn
Untersuchungen über die flüchtigen Antibiotika aus der Kapuziner- (Tropaeolum maius) und Gartenkresse (Lepidium sativum) und ihr Verhalten im menschlichen Körper bei Aufnahme von Kapuziner- bzw. Gartenkressensalat per os
1955, 74 Seiten, 9 Abb., 25 Tabellen, DM 14,—

HEFT 96
Dr.-Ing. P. Koch, Dortmund
Austritt von Exoelektronen aus Metalloberflächen unter Berücksichtigung der Verwendung des Effektes für die Materialprüfung
1954, 34 Seiten, 13 Abb., DM 7,—

HEFT 97
Ing. H. Stein, Laboratorium für textile Meßtechnik, M.-Gladbach
Untersuchung der Verzugsvorgänge an den Streckwerken verschiedener Spinnereimaschinen
2. Bericht: Ermittlung der Haft-Gleiteigenschaften von Faserbändern und Vorgarnen
1955, 98 Seiten, 54 Abb., DM 21,—

HEFT 98
Fachverband Gesenkschmieden, Hagen
Die Arbeitsgenauigkeit beim Gesenkschmieden unter Hämmern
1955, 132 Seiten, 55 Abb., 9 Tabellen, DM 24,75

HEFT 99
Prof. Dr.-Ing. G. Garbotz, Aachen
Der Kraft- und Arbeitsaufwand sowie die Leistungen beim Biegen von Bewehrungsstählen in Abhängigkeit von den Abmessungen, den Formen und der Güte der Stähle (Ermittlung von Leistungsrichtlinien)
1955, 136 Seiten, 53 Abb., 3 Anlagen, 18 Tabellen, DM 30,—

HEFT 100
Prof. Dr.-Ing. H. Opitz, Aachen
Untersuchungen von elektrischen Antrieben, Steuerungen und Regelungen an Werkzeugmaschinen
1955, 166 Seiten, 71 Abb., 3 Tabellen, DM 31,30

HEFT 101
Prof. Dr.-Ing. H. Opitz, Aachen
Wirtschaftlichkeitsbetrachtungen beim Außenrundschleifen
1955, 100 Seiten, 56 Abb., 3 Tabellen, DM 19,30

HEFT 102
Dr. P. Hölemann, Ing. R. Hasselmann und Ing. G. Dix, Dortmund
Untersuchungen über die thermische Zündung von explosiblen Acetylenzersetzungen in Kapillaren
1954, 44 Seiten, 5 Abb., 4 Tabellen, DM 8,60

HEFT 103
Prof. Dr. W. Weizel, Bonn
Durchführung von experimentellen Untersuchungen über den zeitlichen Ablauf von Funken in komprimierten Edelgasen sowie zu deren mathematischen Berechnung
1955, 46 Seiten, 12 Abb., DM 9,10

HEFT 104
Prof. Dr. W. Weizel, Bonn
Über den Einfluß der Elektroden auf die Eigenschaften von Cadmium-Sulfid-Widerstands-Photozellen
1955, 48 Seiten, 12 Abb., DM 9,45

HEFT 105
Dr.-Ing. R. Meldau, Harsewinkel/Westf.
Auswertung von Gekörn — Analysen des Musterstaubes „Flugasche Fortuna I"
1955, 42 Seiten, 14 Abb., DM 8,50

HEFT 106
O.RR. Dr. Ing. W. Küch, Dortmund
Untersuchungen über die Einwirkung von feuchtigkeitsgesättigter Luft auf die Festigkeit von Leimbindungen
1954, 60 Seiten, 10 Abb., 6 Tabellen, DM 11,40

HEFT 107
Prof. Dr. H. Lange and Dipl.-Phys. P. St. Pütter, Köln
Über die Konstruktion von Laboratoriumsmagneten
1955, 66 Seiten, 19 Abb., 1 Tabelle, DM 12,30

HEFT 108
Prof. Dr. W. Fuchs, Aachen
Untersuchungen über neue Beizmethoden und Beizabwässer
I. Die Entzunderung von Drähten mit Natriumhydrid
II. Die Aufbereitung von Beizabwässern
1955, 82 S., 15 Abb., 14 Tabellen, 1 Falttafel, DM 15,25

HEFT 109
Dr. P. Hölemann und Ing. R. Hasselmann, Dortmund
Untersuchungen über die Löslichkeit von Azetylen in verschiedenen organischen Lösungsmitteln
1954, 42 Seiten, 10 Abb., 8 Tabellen, DM 8,30

HEFT 110
Dr. P. Hölemann und Ing. R. Hasselmann, Dortmund
Untersuchungen über den Druckverlauf bei der explosiblen Zersetzung von gasförmigem Azetylen
1955, 54 Seiten, 10 Abb., 5 Tabellen, DM 11,—

HEFT 111
Fachverband Steinzeugindustrie, Köln
Die Entwicklung eines Gerätes zur Beschickung seitlicher Feuer von Steinzeug-Einzelkammeröfen mit festen Brennstoffen
1955, 46 Seiten, 16 Abb., DM 9,40

HEFT 112
Prof. Dr.-Ing. H. Opitz, Aachen
Verschleißmessungen beim Drehen mit aktivierten Hartmetallwerkzeugen
1954, 44 Seiten, 17 Abb., 6 Tabellen, DM 8,80

HEFT 113
Prof. Dr. O. Graf, Dortmund
Erforschung der geistigen Ermüdung und nervösen Belastung: Studien über die vegetative 24-Stunden-Rhythmik in Ruhe und unter Belastung
1955, 40 Seiten, 12 Abb., DM 8,20

HEFT 114
Prof. Dr. O. Graf, Dortmund
Studien über Fließarbeitsprobleme an einer praxisnahen Experimentieranlage
1954, 34 Seiten, 6 Abb., DM 7,—

HEFT 115
Prof. Dr. O. Graf, Dortmund
Studium über Arbeitspausen in Betrieben bei freier und zeitgebundener Arbeit (Fließarbeit) und ihre Auswirkung auf die Leistungsfähigkeit
1955, 50 Seiten, 13 Abb., 2 Tabellen, DM 9,80

HEFT 116
Prof. Dr.-Ing. E. Siebel und Dr.-Ing. H. Weiss, Stuttgart
Untersuchungen an einigen Problemen des Tiefziehens — I. Teil
1955, 74 Seiten, 50 Abb., 5 Tabellen, DM 14,50

HEFT 117
Dr.-Ing. H. Beißwänger, Stuttgart, und Dr.-Ing. S. Schwandt, Trier
Untersuchungen an einigen Problemen des Tiefziehens — II. Teil
1955, 92 Seiten, 34 Abb., 8 Tabellen, DM 17,70

HEFT 118
Prof. Dr. E. A. Müller und Dr. H. G. Wenzel, Dortmund
Neuartige Klima-Anlage zur Erzeugung ungleicher Luft- und Strahlungstemperaturen in einem Versuchsraum
1955, 68 Seiten, 10 z. T. mehrfarb. Abb., DM 14,—

HEFT 119
Dr.-Ing. O. Viertel, Krefeld
Wäscherei- und energietechnische Untersuchung einer Gemeinschafts-Waschanlage
1955, 50 Seiten, 18 Abb., DM 10,20

HEFT 120
Dipl.-Ing. A. Weisbecker, Lüdenscheid
Über Anfressung an Reinstaluminium-Schweißnähten bei der elektrolytischen Oxydation
Gebr. Hörstermann GmbH., Velbert
Entwicklung und Erprobung eines neuartigen Gummibandförderers
1955, 46 Seiten, 18 Abb., DM 9,70

HEFT 121
Dr. H. Krebs, Bonn
I. Die Struktur und die Eigenschaften der Halbmetalle
II. Die Bestimmung der Atomverteilung in amorphen Substanzen
III. Die chemische Bindung in anorganischen Festkörpern und das Entstehen metallischer Eigenschaften
1955, 124 Seiten, 36 Abb., 13 Tabellen, DM 22,90

HEFT 122
Prof. Dr. W. Fuchs, Aachen
Untersuchungen zur Verbesserung der Wasseraufbereitung und Wasseranalyse:
Über die Schnellbewertung von Ionenaustauscher
1955, 62 Seiten, 32 Abb., DM 12,30

HEFT 123
Dipl.-Ing. J. Emondts, Aachen
Über Bodenverformungen bei stark gestörtem und mächtigem, wasserführendem Deckgebirge im Aachener Steinkohlengebiet
1955, 196 Seiten, 37 Abb., 10 Tabellen, DM 28,80

HEFT 124
Prof. Dr. R. Seyffert, Köln
Wege und Kosten der Distribution der Hausratwaren im Lande Nordrhein-Westfalen
1955, 74 Seiten, 25 Tabellen, DM 9,—

WESTDEUTSCHER VERLAG · KÖLN UND OPLADEN

HEFT 125
Prof. Dr. E. Kappler, Münster
Eine neue Methode zur Bestimmung von Kondensations-Koeffizienten von Wasser
1955, 46 Seiten, 11 Abb., 1 Tabelle, DM 9,10

HEFT 126
Prof. Dr.-Ing. J. Mathieu, Aachen
Arbeitszeitvergleich
Grundlagen, Methodik und praktische Durchführung
1955, 70 Seiten, DM 13,—

HEFT 127
Güteschutz Betonstein e. V., Arbeitskreis Nordrhein-Westfalen, Dortmund
Die Betonwaren-Gütesicherung im Lande Nordrhein-Westfalen
1955, 58 Seiten, 15 Abb., 3 Tabellen, DM 11,50

HEFT 128
Prof. Dr. O. Schmitz-DuMont, Bonn
Untersuchungen über Reaktionen in flüssigem Ammoniak
1955, 96 Seiten, 11 Abb., 6 Tabellen, DM 17,75

HEFT 129
Prof. Dr.-Ing. J. Mathieu und Dr. C. A. Roos, Aachen
Die Anlernung von Industriearbeitern
I. Ergebnisse einer grundsätzlichen Untersuchung der gegenwärtigen Industriearbeiter-Kurzanlernung
1955, 106 Seiten, DM 19,70

HEFT 130
Prof. Dr.-Ing. J. Mathieu und Dr. C. A. Roos, Aachen
Die Anlernung von Industriearbeitern
II. Beiträge zur Methodenfrage der Kurzanlernung
1955, 108 Seiten, DM 19,90

HEFT 131
Dr. W. Hoerburger, Köln
Versuche zur Biosynthese von Eiweiß aus Kohlenwasserstoff
1955, 34 Seiten, 2 Abb., DM 6,90

HEFT 132
Prof. Dr. W. Seith, Münster
Über Diffusionserscheinungen in festen Metallen
1955, 42 Seiten, 19 Abb., 4 Tabellen, DM 9,10

HEFT 133
Prof. Dr. E. Jenckel, Aachen
Über einen für Schwermetalle selektiven Ionenaustauscher
1955, 48 Seiten, 8 Abb., 13 Tabellen, DM 9,50

HEFT 134
Prof. Dr.-Ing. H. Winterhager, Aachen
Über die elektrochemischen Grundlagen der Schmelzfluß-Elektrolyse von Bleisulfid in geschmolzenen Mischungen mit Bleichlorid
1955, 54 Seiten, 20 Abb., 5 Tabellen, DM 11,80

HEFT 135
Prof. Dr.-Ing. K. Krekeler und Dr.-Ing. H. Peukert, Aachen
Die Änderung der mechanischen Eigenschaften thermoplastischer Kunststoffe durch Warmrecken
1955, 54 Seiten, 27 Abb., DM 11,10

HEFT 136
Dipl.-Phys. P. Pilz, Remscheid
Über spezielle Probleme der Zerkleinerungstechnik von Weichstoffen
1955, 58 Seiten, 19 Abb., 2 Tabellen, DM 11,50

HEFT 137
Prof. Dr. W. Baumeister, Münster
Beiträge zur Mineralstoffernährung der Pflanzen
1955, 64 Seiten, 6 Tabellen, DM 11,80

HEFT 138
Dr. P. Hölemann und Ing. R. Hasselmann, Dortmund
Untersuchungen über die Zersetzungswärme von gasförmigem und in Azeton gelöstem Azetylen
1955, 54 Seiten, 8 Abb., 7 Tabellen, DM 10,40

HEFT 139
Prof. Dr. W. Fuchs, Aachen
Studien über die thermische Zersetzung der Kohle und die Kohlendestillatprodukte
1955, 64 Seiten, 20 Abb., 22 Tabellen, DM 11,80

HEFT 140
Dr.-Ing. G. Hausberg, Essen
Modellversuche an Zyklonen
1955, 78 Seiten, 24 Abb., DM 15,70

HEFT 141
Dr. J. van Calker und Dr. R. Wienecke, Münster
Untersuchungen über den Einfluß dritter Analysenpartner auf die spektrochemische Analyse
1955, 42 Seiten, 15 Abb., DM 9,10

HEFT 142
Dipl.-Ing. G. M. F. Wiebel, Hannover, A. Konermann und A. Ottenheym, Sennelager
Entwicklung eines Kalksandleichtsteines
1955, 38 Seiten, 4 Abb., DM 8,—

HEFT 143
Prof. Dr. F. Wever, Dr. A. Rose und Dipl.-Ing. W. Straßburg, Düsseldorf
Härtbarkeit und Umwandlungsverhalten der Stähle
1955, 50 Seiten, 12 Abb., 3 Tabellen, DM 10,70

HEFT 144
Prof. Dr. H. Wurmbach, Bonn
Steuerung von Wachstum und Formbildung
1955, 48 Seiten, 19 Abb., DM 10,30

HEFT 145
Dr. G. Hennemann, Werdohl (Westf.)
Beitrag zur Interpretation der modernen Atomphysik
1955, 34 Seiten, DM 10,—

HEFT 146
Dr.-Ing. F. Gruß, Düsseldorf
Sterilisation mit Heißluft
1955, 34 Seiten, 10 Abb., DM 7,70

HEFT 147
Dr.-Ing. W. Rudisch, Unna
Untersuchung einer drehelastischen Elektromagnet-Synchronkupplung
1955, 82 Seiten, 65 Abb., DM 17,70

HEFT 148
Prof. Dr. H. Bittel u. Dipl.-Phys. L. Storm, Münster
Untersuchungen über Widerstandsrauschen
1955, 40 Seiten, 5 Abb., DM 8,40

HEFT 149
Dipl.-Ing. K. Konopicky und Dipl.-Chem. P. Kampa, Bonn
I. Beitrag zur flammenphotometrischen Bestimmung des Calciums.
Dr.-Ing. K. Konopicky, Bonn
II. Die Wanderung von Schlackenbestandteilen in feuerfesten Baustoffen
1955, 54 Seiten, 10 Abb., 5 Tabellen, DM 11,—

HEFT 150
Prof. Dr.-Ing. O. Kienzle und Dipl.-Ing. W. Timmerbeil, Hannover
Das Durchziehen enger Kragen an ebenen Fein- und Mittelblechen
1955, 52 Seiten, 20 Abb., 8 Tabellen, DM 11,30

HEFT 151
Dipl.-Ing. P. Karabasch, Aachen
Feststellung des optimalen Gasgehaltes von Bronzen zur Erzielung druckdichter Gußstücke
1956, 64 Seiten, 31 Abb., 5 Tabellen, DM 13,90

HEFT 152
Dipl.-Ing. G. Müller, Köln
Ermittlung der Laufeigenschaften (Vergießbarkeit) von Bronze und Rotguß mittels der Schneider-Gießspirale
1955, 60 Seiten, 33 Abb., DM 13,30

HEFT 153
Prof. Dr. F. Wever, Dr.-Ing. W. A. Fischer und Dipl.-Ing. J. Engelbrecht, Düsseldorf
I. Die Reduktion sauerstoffhaltiger Eisenschmelzen im Hochvakuum mit Wasserstoff und Kohlenstoff
II. Einfluß geringer Sauerstoffgehalte auf das Gefüge und Alterungsverhalten von Reineisen
1955, 54 Seiten, 15 Abb., 2 Tabellen, DM 12,40

HEFT 154
Prof. Dr.-Ing. P. Bardenheuer und Dr.-Ing. W. A. Fischer, Düsseldorf
Die Verschlackung von Titan aus Stahlschmelzen im sauren und basischen Hochfrequenzofen unter verschiedenen Schlacken
1955, 36 Seiten, 10 Abb., 1 Tabelle, DM 7,95

HEFT 155
Dipl.-Phys. K. H. Schirmer, München
Die auf Grau abgestimmte Farbwiedergabe im Dreifarbenbuchdruck
1955, 46 Seiten, 17 Abb., 2 Farbtafeln, DM 10,—

HEFT 156
Prof. Dr.-Ing. B. von Borries und Mitarbeiter, Düsseldorf
Die Entwicklung regelbarer permanentmagnetischer Elektronenlinsen hoher Brechkraft und eines mit ihnen ausgerüsteten Elektronenmikroskopes neuer Bauart
1956, 102 Seiten, 52 Abb., DM 22,55

HEFT 157
Dr. W. Jawtusch, Dr. G. Schuster und Prof. Dr.-Ing. R. Jaeckel, Bonn
Untersuchungen über die Stoßvorgänge zwischen neutralen Atomen und Molekülen
1955, 48 Seiten, 15 Abb., 3 Tabellen, DM 10,50

HEFT 158
Dipl.-Ing. W. Rosenkranz, Meinerzhagen
Ein Beitrag zum Problem der Spannungskorrosion bei Preßprofilen und Preßteilen aus Aluminium-Legierungen
1956, 112 Seiten, 61 Abb., 5 Tabellen, DM 27,40

HEFT 159
Dr.-Ing. O. Viertel und O. Oldenroth, Krefeld
Das Bleichen von Weißwäsche mit Wasserstoffsuperoxyd bzw. Natriumhypochlorit beim maschinellen Waschen
1955, 54 Seiten, 23 Abb., 2 Tabellen, DM 11,45

HEFT 160
Prof. Dr. W. Klemm, Münster
Über neue Sauerstoff- und Fluor-haltige Komplexe
1955, 50 Seiten, 13 Abb., 7 Tabellen, DM 10,80

HEFT 161
Prof. Dr. W. Weltzien und Dr. G. Hauschild, Krefeld
Über Silikone und ihre Anwendung in der Textilveredlung
1955, 162 Seiten, 22 Abb., 10 Tabellen, DM 27,—

HEFT 162
Prof. Dr. F. Wever, Prof. Dr. A. Kochendörfer und Dr.-Ing. Chr. Rohrbach, Düsseldorf
Kennzeichnung der Sprödbruchneigung von Stählen durch Messung der Fließspannung, Reißspannung und Brucheinschnürung an dreiachsig beanspruchten Proben
1955, 58 Seiten, 26 Abb., DM 13,—

HEFT 163
Dipl.-Ing. W. Rohs und Text.-Ing. H. Griese, Bielefeld
Untersuchungsarbeiten zur Verbesserung des Leinenwebstuhls III
1955, 80 Seiten, 15 Abb., 18 Tabellen, DM 15,80

HEFT 164
Dr.-Ing. H. Schmachtenberg, Köln
Neuartige Prüfeinrichtungen für Kraftfahrzeuge
1955, 44 Seiten, 23 Abb., DM 9,60

HEFT 165
Dr.-Ing. W. Wilhelm, Aachen
Instationäre Gasströmung im Auspuffsystem eines Zweitaktmotors
1955, 62 Seiten, 31 Abb., 8 Tabellen, DM 13,60

HEFT 166
Prof. Dr. M. v. Stackelberg, Dr. H. Heindze, Dr. H. Hübschke und Dr. K. H. Frangen, Bonn
Kolloidchemische Untersuchungen
1955, 106 Seiten, 8 Abb., 13 Tabellen, DM 21,25

HEFT 167
Prof. Dr.-Ing. F. Schuster, Essen
I. Über die Heißkarburierung von Brenngasen mit Ölen und Teeren
II. Die Strahlungsvorgänge in brennstoffbeheizten Öfen bei verschiedenen Verbrennungsatmosphären
1955, 38 Seiten, 8 Abb., DM 8,30

HEFT 168
Prof. Dr.-Ing. F. Schuster, Essen
I. Luftvorwärmung an Gasfeuerungen
II. Heizwerthöhe von Brenngasen und Wirkungsgrad sowie Gasverbrauch bei der Gasverwendung
III. Sauerstoffangereicherte Luft und feuerungstechnische Kenngrößen von Brenngasen
1955, 60 Seiten, 18 Abb., DM 12,50

HEFT 169
Forschungsinstitut für Pigmente und Lacke, Stuttgart
Arbeiten über die Bestimmung des Gebrauchswertes von Lackfilmen durch physikalische Prüfungen
1955, 70 Seiten, 23 Abb., 4 Tabellen, DM 15,—

HEFT 170
Prof. Dr. F. Wever, Dr. A. Rose und Dipl.-Ing L. Rademacher, Düsseldorf
Anwendung der Umwandlungsschaubilder auf Fragen der Werkstoffauswahl beim Schweißen und Flammhärten
1955, 64 Seiten, 25 Abb., DM 13,70

HEFT 171
Wäschereiforschung Krefeld
Untersuchung der Wäscheentwässerung mit Hilfe von Zentrifugen und Pressen
1955, 42 Seiten, 16 Abb., 4 Tabellen, DM 9,70

HEFT 172
Dipl.-Ing. W. Rohs, Dr.-Ing. G. Satlow und Text.-Ing. G. Heller, Bielefeld
Trocknung von Hanfgarnen. Kreuzspultrocknung
1955, 60 Seiten, 7 Abb., 4 Tabellen, DM 10,30

HEFT 173
Prof. Dr. R. Hosemann und Dipl.-Phys. G. Schoknecht, Berlin, vorgelegt von Prof. Dr. W. Kast, Krefeld
Lichtoptische Herstellung und Diskussion der Faltungsquadrate parakristalliner Gitter
1956, 108 Seiten, 63 Abb., 6 Tabellen, DM 24,70

HEFT 174
Prof. Dr. W. von Fragstein, Dr. J. Meingast und H. Hoch, Köln
Herstellung von Solen einheitlicher Teilchengröße und Ermittlung ihrer optischen Eigenschaften
1955, 78 Seiten, 80 Abb., 4 Tabellen, DM 18,25

HEFT 175
Dr.-Ing. H. Zeller, Aachen
Beitrag zur eindimensionalen stationären und nichtstationären Gasströmung mit Reibung und Wärmeleitung, insbesondere in Rohren mit unstetigen Querschnittsänderungen.
1956, 138 Seiten, 56 Abb., DM 29,30

HEFT 176
Dipl.-Ing. H. Schöberl, Duisburg
Über die Methoden zur Ermittlung der Verbrennungstemperatur von Brennstoffen und ein Vorschlag zu ihrer Verbesserung
1955, 30 Seiten, 3 Abb., DM 6,50

HEFT 177
Dipl.-Ing. H. Stüdemann, Solingen, und Dr.-Ing. W. Müchler, Essen
Entwicklung eines Verfahrens zur zahlenmäßigen Bestimmung der Schneideigenschaften von Messerklingen
1956, 104 Seiten, 68 Abb., 4 Tabellen, DM 22,20

HEFT 178
Prof. Dr. M. von Stackelberg u. Dr. W. Hans, Bonn
Untersuchungen zur Ausarbeitung und Verbesserung von polarographischen Analysenmethoden
1955, 46 Seiten, 14 Abb., DM 10,50

HEFT 179
Dipl.-Ing. H. F. Reineke, Bochum
Entwicklungsarbeiten auf dem Gebiete der Meß- und Regeltechnik
1955, 46 Seiten, 10 Abb., DM 10,—

HEFT 180
Dr.-Ing. W. Piepenburg, Dipl.-Ing. B. Bühling und Bauing. J. Behnke, Köln
Putzarbeiten im Hochbau und Versuche mit aktiviertem Mörtel und mechanischem Mörtelauftrag
1955, 116 Seiten, 31 Abb., 68 Tabellen, DM 23,—

HEFT 181
Prof. Dr. W. Franz, Münster
Theorie der elektrischen Leitvorgänge in Halbleitern und isolierenden Festkörpern bei hohen elektrischen Feldern
1955, 28 Seiten, 2 Abb., 1 Tabelle, DM 6,20

HEFT 182
Dr.-Ing. P. Schenk u. Dr. K. Osterloh, Düsseldorf
Katalytisch-thermische Spaltung von gasförmigen und flüssigen Kohlenwasserstoffen zur Spitzengaserzeugung
1955, 50 Seiten, 11 Abb., 11 Tabellen, DM 10,90

HEFT 183
Dr. W. Bornheim, Köln
Entwicklungsarbeiten an Flaschen- und Ampullen-Behandlungsmaschinen für die pharmazeutische Industrie
1956, 48 Seiten, 24 Abb., DM 11,70

HEFT 184
Dr.-Ing. E. Printz, Kettwig
Vollhydraulische Parallel-Kupplung für Ackerschlepper
1955, 32 Seiten, 4 Abb., DM 7,80

HEFT 185
Dipl.-Ing. W. Rohs und Text.-Ing. G. Heller, Bielefeld
Studien an einem neuzeitlichen Kreuzspultrockner für Bastfasergarne mit Wiederbefeuchtungszone
1955, 52 Seiten, 9 Abb., 3 Tabellen, DM 10,70

HEFT 186
Dr. E. Wedekind, Krefeld
Untersuchungen zur Arbeitsbestgestaltung bei der Fertigstellung von Oberhemden in gewerblichen Wäschereien
1955, 124 Seiten, 28 Abb., 6 Tabellen, 2 Falttaf., DM 12,—

HEFT 187
Dipl.-Ing. F. Göttgens, Essen
Über die Eigenarten der Bimetall-, Thermo- und Flammenionisationssicherungsmethode in ihrer Anwendung auf Zündsicherungen
1955, 40 Seiten, 6 Abb., 4 Tabellen, DM 8,40

HEFT 188
W. Kinnebrock, Langenberg (Rhld.)
Der Einfluß des Austausches gleicher Gaskochbrenner bzw. Gaskochbrennerteile auf den Wirkungsgrad und insbesondere auf den CO-Gehalt der Verbrennungsgase
1955, 42 Seiten, 7 Abb., 3 Tabellen, DM 8,70

HEFT 189
Fa. E. Leybold's Nachfolger, Köln
I. Ausgewählte Kapitel aus der Vakuumtechnik
II. Zum Verlust anorganisch-nichtflüchtiger Substanzen während der Gefriertrocknung
1955, 52 Seiten, 16 Abb., 3 Tabellen, DM 11,20

HEFT 190
Prof. Dr. A. Neuhaus, Prof. Dr. O. Schmitz-DuMont und Dipl.-Chem. H. Reckhard, Bonn
Zur Kenntnis der Alkalititanate
1955, 60 Seiten, 13 Abb., 1 Tabelle, DM 12,20

HEFT 191
Dr. H. Söhngen, Darmstadt
Schwingungsverhalten eines Schaufelkranzes im Vakuum *1955, 36 Seiten, 7 Abb., DM 7,80*

HEFT 192
Dipl.-Phys. E. M. Schneider, München
Kohlebogenlampen für Aufnahme und Kopie
1955, 48 Seiten, 21 Abb., 3 Tabellen, DM 10,60

HEFT 193
Prof. Dr. O. Schmitz-DuMont, Bonn
Untersuchungen über neue Pigmentfarbstoffe
1956, 50 Seiten, 16 Abb., 8 Tabellen, DM 11,20

HEFT 194
Dr. K. Hecht, Köln
Entwicklung neuartiger physikalischer Unterrichtsgeräte *1955, 42 Seiten, 16 Abb., DM 9,90*

HEFT 195
Dr.-Ing. E. Rößger, Köln
Gedanken über einen neuen deutschen Luftverkehr
1955, 342 Seiten, 29 Abb., 122 Tabellen, DM 50,—

HEFT 196
Dipl.-Ing. W. Rohs und Text.-Ing. H. Griese, Bielefeld
Auswirkungen von Garnfehlern bei der Verarbeitung von Leinengarnen
1955, 36 Seiten, 3 Abb., 6 Tabellen, DM 7,80

HEFT 197
Dr. E. Wedekind, Krefeld
Untersuchungen zur Bestimmung der optimalen Arbeitsplatzgröße bei Mehrstuhlarbeit in der Weberei
1955, 92 Seiten, 34 Abb., 2 Tabellen, DM 18,50

HEFT 198
Prof. Dr. J. Weissinger, Karlsruhe
Zur Aerodynamik des Ringflügels. Die Druckverteilung dünner, fast drehsymmetrischer Flügel in Unterschallströmung *1955, 42 Seiten, 5 Abb., DM 9,—*

HEFT 199
Textilforschungsanstalt Krefeld
Die Messung von Gewebetemperaturen mittels Temperaturstrahlung
1955, 50 Seiten, 12 Abb., DM 10,90

HEFT 200
R. Seipenbusch, Langenberg (Rhld.)
Spitzengas durch Zusatz von Flüssiggas-Wassergas- und Flüssiggas-Generatorgas-Gemischen zu Stadtgas
1955, 48 Seiten, 21 Abb., DM 10,35

HEFT 201
Dr.-Ing. E. W. Pleines, Frankfurt/Main
Die Sicherheit im Luftverkehr
1956, 194 Seiten, 39 Abb., 19 Tabellen, DM 39,50

HEFT 202
Dipl.-Ing. D. Fiecke, Stuttgart/Zuffenhausen
Die Bestimmung der Flugzeugpolaren für Entwurfszwecke. I Teil: Unterlagen
1956, 216 Seiten, 171 Diagr., DM 59,50

HEFT 203
Dr. G. Wandel, Bonn
Uferbewachsung und Lebendverbauung an den Nordwestdeutschen Kanälen und ihren Zuflüssen sowie an der Ruhr *1956, 122 Seiten, 88 Abb., DM 25,70*

HEFT 204
Dipl.-Ing. B. Naendorf, Langenberg (Rhld.)
Bestimmung der Brenneigenschaften und des Brennverhaltens verschiedener Gasarten und Einfluß verschiedener Düsengestaltung
1955, 32 Seiten, 10 Abb., DM 7,10

HEFT 205
Dr. C. Schaarwächter, Düsseldorf
Über plastische Kupfer-Eisen-Phosphor-Legierungen
1956, 36 Seiten, 10 Abb., 10 Tabellen, DM 8,30

HEFT 206
Dr. P. Hölemann, Ing. R. Hasselmann und Ing. G. Dix, Dortmund
Untersuchungen über die Vorgänge bei der Zersetzung von in Azeton gelöstem Azetylen
1956, 74 Seiten, 7 Abb., 7 Tabellen, DM 15,55

HEFT 207
Prof. Dr.-Ing. H. Opitz, Dipl.-Ing. K. H. Fröhlich und Dipl.-Ing. H. Siebel, Aachen
Richtwerte für das Fräsen von unlegierten und legierten Baustählen mit Hartmetall. I. Teil
1956, 48 Seiten, 27 Abb., 3 Tabellen, DM 11,10

HEFT 208
Prof. Dr.-Ing. H. Müller, Essen
Untersuchung von Elektrowärmegeräten für Laienbedienung hinsichtlich Sicherheit und Gebrauchsfähigkeit. I. Untersuchungen an Kochplatten
1956, 100 Seiten, 76 Abb., 7 Tabellen, DM 22,70

HEFT 209
Dr. K. Bunge, Leverkusen
Materialabbau in Funkenentladungen. Untersuchungen an Zinkkathoden
1956, 54 Seiten, 10 Abb., 5 Tabellen, DM 11,40

HEFT 210
Dr. W. Porschen und Prof. Dr. W. Riezler, Bonn
Langlebige Alphaaktivitäten bei natürlichen Elementen
1955, 40 Seiten, 5 Abb., 4 Tabellen, DM 8,80

HEFT 211
Prof. Dipl.-Ing. W. Sturtzel und Dr.-Ing. W. Graff, Duisburg
Die Versuchsanstalt für Binnenschiffbau, Duisburg
1956, 48 Seiten, 22 Abb., 11,—

HEFT 212
Dipl.-Ing. H. Spodig, Selm
Untersuchung zur Anwendung der Dauermagnete in der Technik *1955, 44 Seiten, 25 Abb., DM 9,80*

HEFT 213
Dipl.-Ing. K. F. Rittinghaus, Aachen
Zusammenstellung eines Meßwagens für Bau- und Raumakustik *in Vorbereitung*

HEFT 214
Dr.-Ing. J. Endres, München
Berechnung der optimalen Leistungen, Kraftstoffverbräuche und Wirkungsgrade von Einkreis-Turbolader-Strahltriebwerken am Boden und in der Höhe bei Fluggeschwindigkeiten von 0—2000 km/h
1956, 72 Seiten, 18 Abb., 8 Tabellen, DM 15,40

HEFT 215
Prof. Dr.-Ing. H. Opitz und Dr.-Ing. G. Weber, Aachen
Einfluß der Wärmebehandlung von Baustählen auf Spanentstehung, Schnittkraft- und Standzeitverhalten
1956, 80 Seiten, 30 Abb., 10 Tabellen, DM 18,40

HEFT 216
Dr. E. Kloth, Köln
Untersuchungen über die Ausbreitung kurzer Schallimpulse bei der Materialprüfung mit Ultraschall
1956, 90 Seiten, 60 Abb., 4 Tabellen, DM 19,40

HEFT 217
Rationalisierungskuratorium der Deutschen Wirtschaft (RKW), Frankfurt/Main
Typenvielzahl bei Haushaltgeräten und Möglichkeiten einer Beschränkung
1956, 328 Seiten, 2 Abb., 181 Tabellen, DM 49,50

HEFT 218
Dr. F. Keune, Aachen
Bericht über eine Theorie der Strömung um Rotationskörper ohne Anstellung bei Machzahl Eins
1955, 40 Seiten, 8 Abb., 5 Formelblätter, DM 8,80

WESTDEUTSCHER VERLAG · KÖLN UND OPLADEN

HEFT 219
Prof. Dr. W. Fuchs, Aachen
Untersuchungen zur Holzabfallverwertung und zur Chemie des Lignins
1955, 54 Seiten, 11 Abb., 15 Tabellen DM 11,40

HEFT 220
Prof. Dr. W. Fuchs, Aachen
Die Entwicklung neuer Regel- und Kontroll-Apparate zur coulometrischen Analyse
1956, 76 Seiten, 17.Abb. 23 Tabellen, DM 15,50

HEFT 221
Dr. W. Meyer-Eppler, Bonn
Experimentelle Untersuchungen zum Mechanismus von Stimme und Gehör in der lautsprachlichen Kommunikation *1955, 56 Seiten, 24 Abb., DM 13,45*

HEFT 222
Dr. L. Köllner, Münster, und Dipl.-Volkswirt M. Kaiser, Bochum
Die internationale Wettbewerbsfähigkeit der westdeutschen Wollindustrie *1956, 214 Seiten, DM 39,50*

HEFT 223
Dr.-Ing. K. Alberti und Dr. F. Schwarz, Köln
Über das Problem Hartbrand-Weichbrand
1956, 54 Seiten, 25 Abb., 14 Tabellen, DM 12,10

HEFT 224
Dipl.-Ing. H. Stüdeman und Ing. R. Beu, Solingen
Verfahren zur Prüfung der Korrosionsbeständigkeit von Messerklingen aus rostfreiem Stahl
1956, 82 Seiten, 28 Abb., DM 16,90

HEFT 225
Dr.-Ing. E. Barz, Remscheid
Der Spannungszustand von Gattersägeblättern
1956, 74 Seiten, 54 Abb., DM 16,50

HEFT 226
Technisch-wissenschaftliches Büro für die Bastfaserindustrie, Bielefeld
Untersuchungen zur Verbesserung des Leinenwebstuhles IV
Die Wirkung verschiedener Kettbaumbremsen auf die Verwebung von Leinengarnen
1956, 64 Seiten, 9 Abb., 4 Tabellen, DM 13,50

HEFT 227
Prof. Dr. F. Wever, Düsseldorf und Dr. W. Wepner, Köln
Untersuchung der Alterungsneigung von weichen unlegierten Stählen durch Härteprüfung bei Temperaturen bis 300 Grad C
1956, 34 Seiten, 20 Abb., 3 Tabellen, DM 7,95

HEFT 228
Prof. Dr. F. Wever, Dr. W. Koch, Düsseldorf, und Dr. B. A. Steinkopf, Dortmund
Spektrochemische Grundlagen der Analyse von Gemischen aus Kohlenmonoxyd, Wasserstoff und Stickstoff *1956, 42 Seiten, 18 Abb., 1 Tabelle, DM 9,90*

HEFT 229
Prof. Dr. F. Wever, Dr. W. Koch und Dr.-Ing. H. Malissa, Düsseldorf
Über die Anwendung disubstituierter Dithiocarbamate der analytischen Chemie
1956, 44 Seiten, 30 Abb., 5 Tabellen, DM 10,50

HEFT 230
Prof. Dr. F. Wever, Düsseldorf, und Dr. W. Wepner, Köln
Bestimmung kleiner Kohlenstoffgehalte im Alpha-Eisen durch Dämpfungsmessung
1956, 34 Seiten, 5 Abb., 2 Tabellen, DM 7,70

HEFT 231
Dr.-Ing. W. Küch, Dortmund
Über die Wechselwirkung zwischen Holzschutzbehandlung und Verleimung
1956, 48 Seiten, 10 Abb., 8 Tabellen, DM 10,40

HEFT 232
Prof. Dr.-Ing. O. Kienzle, Hannover, und Dr.-Ing. H. Münnich, Schweinfurt
Feststellung der Spannungen und Dehnungen und Bruchdrehzahlen der unter Fliehkraft und Bearbeitungskraft beanspruchten Schleifkörper
in Vorbereitung

HEFT 233
Dr. H. Haase, Hamburg
Infrarot-Bibliographie *1956, 90 Seiten, DM 17,80*

HEFT 234
Dr.-Ing. K. G. Speith und Dr.-Ing. A. Bungeroth, Duisburg
Versuche zur Steigerung des Kokillen-Schluckvermögens beim Stranggießen von Stahl
1956, 26 Seiten, 5 Abb., DM 6,15

HEFT 235
Prof. Dr.-Ing. K. Leist und Dipl.-Ing. W. Dettmering, Aachen
Turbinenschaufeln aus Kunststoff für Kaltluftversuchsanlagen
1956, 46 Seiten, 43 Abb., 3 Tabellen, DM 12,30

HEFT 236
Dr.-Ing. O. Viertel und S. Lucas, Krefeld
Ergebnisse einer Hausfrauenbefragung über Wascheinrichtungen und Waschmethoden in städtischen Haushaltungen
1956, 34 Seiten, 4 Abb., DM 7,60

HEFT 237
Dr. P. Endler und Dr. H. Ludes, Köln
Bericht über eine Studienreise zur Orientierung der heutigen Behandlung der Lungentuberkulose in den Vereinigten Staaten von Nordamerika
1956, 32 Seiten, DM 7,10

HEFT 238
Institut für textile Meßtechnik, M-Gladbach, e. V.
Untersuchungen der Verzugsvorgänge an den Streckwerken verschiedener Spinnereimaschinen. 3. Bericht: Theoretische Betrachtungen über den Einfluß schlagender Zylinder und Druckrollen
1956, 66 Seiten, 21 Abb., DM 14,10

HEFT 239
Prof. Dr.-Ing. K. Leist und Dipl.-Ing. H. Scheele, Aachen, und Dipl.-Ing. F. H. Flottmann, Herne
Versuche an einem neuartigen luftgekühlten Hochleistungs-Kolbenkompressor
1956, 72 Seiten, 19 Abb., 7 Tabellen, DM 14,40

HEFT 240
Prof. Dr.-Ing. K. Leist und Dipl.-Ing. H. Scheele, Aachen
Temperaturmessungen an einem einstufigen luftgekühlten 4-Zylinder-Kolbenkompressor mit Kühlgebläse *1956, 74 Seiten, 36 Abb., DM 14,80*

HEFT 241
Prof. Dr.-Ing. K. Leist und Dipl.-Ing. M. Pötke, Aachen
Leistungsversuche an einem Kühlluftgebläse
1956, 60 Seiten, 13 Abb., DM 11,70

HEFT 242
Prof. Dr.-Ing. K. Leist und Dipl.-Ing. K. Graf, Aachen
Straßenfahrzeuge mit Gasturbinenantrieb
1956, 82 Seiten, 63 Abb., DM 17,20

HEFT 243
Prof. Dr.-Ing. K. Leist und Dipl.-Ing. S. Förster, Aachen
Die französische Kleingasturbine Artouste — 1. Teil
1956, 80 Seiten, 41 Abb., DM 15,85

HEFT 244
Prof. Dr. F. Wever, Dr. W. Koch und Dr. S. Eckhard, Düsseldorf
Erfahrungen mit der spektrochemischen Analyse von Gefügebestandteilen des Stahles
1956, 32 Seiten, 8 Abb., 2 Tabellen, DM 7,80

HEFT 245
Prof. Dr.-Ing. habil. K. Krekeler, Aachen
Das Verbinden von Metallen durch Kunstharzkleber. Teil I: Eigenschaften und Verwendung der Metallklebstoffe *1956, 48 Seiten, 8 Abb., DM 10,25*

HEFT 246
Prof. Dr.-Ing. habil. K. Krekeler, Aachen
Das Verbinden von Metallen durch Kunstharzkleber. Teil II: Untersuchungen an geklebten Leichtmetall-Verbindungen *1956, 80 Seiten, 40 Abb., DM 17,50*

HEFT 247
Dr. H. Söhngen, Darmstadt
Strömung vor einem Überschall-Laufrad
1956, 26 Seiten, 4 Abb., DM 7,60

HEFT 248
Rheinische Aktiengesellschaft für Braunkohlenbergbau und Brikettfabrikation, Köln
Untersuchung der Bindemitteleigenschaften von Braunkohlenfilteraschen
1956, 176 Seiten, 26 Abb., 30 Tabellen, DM 35,60

HEFT 249
Dr. M.-E. Meffert, Essen
Weitere Kulturversuche von Scenedesmus obliquus
1956, 36 Seiten, 5 Abb., 10 Tabellen, DM 8,—

HEFT 250
Dr. F. Schwarz und Dr.-Ing. K. Alberti, Köln
Entwicklung von Untersuchungsverfahren zur Gütebeurteilung von Industriekalken
1956, 36 Seiten, 9 Abb., DM 16,50

HEFT 251
Prof. Dr. H. Bittel, Münster
Zur Statistik der ferromagnetischen Elementarvorgänge und ihren Einfluß auf das Barkhausenrauschen
1956, 52 Seiten, 14 Abb., DM 11,65

HEFT 252
Dipl.-Ing. H. Frings, Geilenkirchen
Die Wirkung abfallender Wetterführung auf Wettertemperatur, Grubengasgehalt und Staubbildung
in Vorbereitung

HEFT 253
Dipl.-Ing. S. Schirmanski, Berghausen
Stand und Auswertung der Forschungsarbeiten über Temperatur- und Feuchtigkeitsgrenzen bei der bergmännischen Arbeit
in Vorbereitung

HEFT 254
Prof. Dr. R. Danneel, Bonn
Quantitative Untersuchungen über die Entwicklung des Ehrlich-Ascitestumors bei Inzuchtmäusen
1956, 52 Seiten, 17 Tabellen, DM 11,75

HEFT 255
Ing. B. v. Schlippe, Bad Nauheim
Strömung von Flüssigkeiten mit temperaturabhängiger Zähigkeit (Kühlung von Öfen)
1956, 54 Seiten, 12 Abb., 4 Tabellen, DM 11,70

HEFT 256
Prof. Dr. C. Schmieden und Dipl.-Math. K. H. Müller, Darmstadt
Die Strömung einer Quellstrecke im Halbraum — eine strenge Lösung der Navier-Stokes-Gleichungen
1956, 40 Seiten, 9 Abb., DM 8,80

HEFT 257
Prof. Dr. G. Lehmann und Dr. J. Tamm, Dortmund
Die Beeinflussung vegetativer Funktionen des Menschen durch Geräusche
1956, 48 Seiten, 25 Abb., 3 Tabellen, DM 11,20

HEFT 258
Dr. H. Paul, Linz (Rhein), und Prof. Dr. O. Graf, Dortmund
Zur Frage der Unfälle im Bergbau
1956, 52 Seiten, 9 Abb., 22 Tabellen, DM 11,20

HEFT 259
Prof. D. W. Linke, Aachen
Strömungsvorgänge in künstlich belüfteten Räumen
1956, 52 Seiten, 37 Abb., 1 Tabelle, DM 11,80

HEFT 260
Prof. Dr. W. Kast, Freiburg (Br.), Prof. Dr. A. H. Stuart und Dipl.-Phys. H. G. Fendler, Hannover
Lichtzerstreuungsmessungen an Lösungen hochpolymerer Stoffe
1956, 70 Seiten, 25 Abb., 5 Tabellen, DM 15,60

HEFT 261
Prof. Dr. W. Kast, Freiburg (Br.)
Feinstruktur-Untersuchungen an künstlichen Zellulosefasern verschiedener Herstellungsverfahren. Teil II: Der Kristallisationszustand
1956, 80 Seiten, 27 Abb., 11 Tabellen, DM 17,20

HEFT 262
Dr.-Ing. W. Batel, Aachen
Untersuchungen zur Absiebung feuchter, feinkörniger Haufwerke und Schwingsieben
1956, 100 Seiten, 45 Abb., 5 Tabellen, DM 23,40

HEFT 263
Prof. Dr. H. Lange und Dipl.-Phys. R. Kohlhaas, Köln
Über die Wärmeleitfähigkeit von Stählen bei hohen Temperaturen: Teil I: Literaturbericht
1956, 48 Seiten, 26 Abb., 8 Tabellen, DM 10,70

HEFT 264
Prof. Or. W. Weizel, Bonn
Durch schnelle Funkenzusammenbrüche ausgelöste Signale auf einer Leitung
1956, 26 Seiten, 4 Abb., 3 Tabellen, DM 6,10

HEFT 265
Prof. Dr. F. Micheel und Dr. R. Engel, Münster
Eine Apparatur zur elektrophoretischen Trennung von Stoffgemischen
1956, 38 Seiten, 21 Abb., DM 9,20

HEFT 266
Fliesen-Beratungsstelle Bad Godesberg-Mehlem
Güteeigenschaften keramischer Wand- und Bodenfliesen und deren Prüfmethoden
1956, 32 Seiten, DM 7,10

HEFT 267
Prof. Dr. W. Weizel und B. Brandt, Bonn
Zur Stabilität stromstarker Glimmentladungen
1956, 36 Seiten, 7 Abb., DM 8,40

WESTDEUTSCHER VERLAG · KÖLN UND OPLADEN

HEFT 268
Prof. Dr.-Ing. G. Vogelpohl, Göttingen
Über die Tragfähigkeit von Gleitlagern und ihre Berechnung
1956, 76 Seiten, 24 Abb., 7 Tabellen, DM 16,85

HEFT 269
Markscheider R. Bals, Bochum
Eignung des Gebirgsankerausbaus zur Erleichterung des Streckenvortriebs im Steinkohlenbergbau
1956, 84 Seiten, 41 Abb., DM 18,75

HEFT 270
Dr. H. Krebs und Mitarbeiter, Bonn
Die Trennung von Racematen auf chromatographischem Wege
1956, 62 Seiten, 18 Tabellen, DM 12,95

HEFT 271
Prof. Dr.-Ing. H. Opitz und Dipl.-Ing. H. Axer, Aachen
Beeinflussung des Verschleißverhaltens bei spanenden Werkzeugen durch flüssige und gasförmige Kühlmittel und elektrische Maßnahmen
1956, 46 Seiten, 28 Abb., DM 10,70

HEFT 272
Prof. Dr. W. Fuchs und Dr. H. Dresia, Aachen
Untersuchungen über die Schnellverbrennung und Schnellvergasung fester Brennstoffe
1956, 56 Seiten, 14 Abb., 3 Tabellen, DM 11,90

HEFT 273
Fa. K. W. Tacke G.m.b.H., Wuppertal-Barmen
Erfahrungen beim Verspinnen von Perlonfasern und bei der Herstellung von Trikotagen aus gesponnenem Perlon
1956, 36 Seiten, DM 7,90

HEFT 274
Prof. Dr.-Ing. K. Krekeler, Aachen
Qualitative Untersuchungen bei Verbindungsschweißungen mittels Lichtbogenschweißautomaten unter Verwendung von Blankdraht und Zugabe von ferromagnetischem Pulver als Umhüllung
1956, 68 Seiten, 40 Abb., 8 Tabellen, DM 15,45

HEFT 275
Prof. Dr.-Ing. habil. K. Krekeler, Aachen, und Dipl.-Ing. H. Verhoeven, Aachen
Quantitative Untersuchungen von Punktschweißverbindungen an Tiefzieh- und Aluminiumblechen, die nach dem Argonarc-Punktschweißverfahren hergestellt werden
1956, 64 Seiten, 45 Abb., DM 14,60

HEFT 276
Fa. E. Haage, Mülheim (Ruhr)
Entwicklungsarbeiten im Apparatebau für Laboratorien
1956, 48 Seiten, 18 Abb., DM 10,50

HEFT 277
Dr.-Ing. W. Müchler, Essen
Untersuchung und zahlenmäßige Bestimmung der Schneideigenschaften von Messern und besonderer Berücksichtigung rostfreier Messerstähle
1956, 60 Seiten, 27 Abb., 5 Tabellen, DM 13,20

HEFT 278
Dipl.-Ing. J. Stelter und Dipl.-Ing. H. Kickert, Aachen
I. Sichtbarmachung von Ultraschallfeldern unter Verwendung photographischer Emulsionsschichten
II. Methode zur Bestimmung der wirklichen Temperaturverhältnisse in Flüssigkeiten während der Beschallung (Nach einer Diplom-Arbeit von H. Schnitzler)
1956, 54 Seiten, 24 Abb., DM 12,75

HEFT 279
Dr. F. Keune, Aachen
Der gewölbte und verwundene Tragflügel ohne Dicke in Schallnähe
1956, 42 Seiten, 15 Abb., DM 9,25

HEFT 280
Dipl.-Ing. J. Stelter und Dipl.-Ing. E. Pfende, Aachen
Über Störerscheinungen bei Schallgeschwindigkeitsmessungen mittels der Interferometermethode
1956, 42 Seiten, 13 Abb., DM 9,60

HEFT 281
Prof. Dr.-Ing. K. Lürenbaum, Aachen
Der Meßwagen des Instituts für Maschinen-Dynamik der Deutschen Versuchsanstalt für Luftfahrt, Aachen
1956, 34 Seiten, 17 Abb., DM 8,60

HEFT 282
Bergrat a. D. Scherer, Bochum
Das B. T.-Schwelverfahren und seine Anwendung auf der Anlage Marienau
1956, 44 Seiten, 7 Abb., DM 9,60

HEFT 283
Prof. Dr. F. Wever und Dr.-Ing. W. Lueg, Düsseldorf
Warmstauchversuche zur Ermittlung der Formänderungsfestigkeit von Gesenkschmiede-Stählen
1956, 44 Seiten, 19 Abb., DM 9,90

Heft 284
Prof. Dr. F. Wever, Düsseldorf, Dr.-Ing. H. J. Wiester, Essen, Dr.-Ing. F. W. Straßburg, Duisburg, Prof. Dr.-Ing. H. Opitz, Aachen, und Dr.-Ing. K. H. Fröhlich, Köln
Einfluß des Gefüges auf die Zerspanbarkeit von Einsatz- und Vergütungsstählen
in Vorbereitung

HEFT 285
Prof. Dr.-Ing. O. Kienzle, Dr.-Ing. K. Lange, Hannover, und Dipl.-Ing. H. Meinert, Osterode
Einfluß der Oberfläche auf das Verschleißverhalten von Schmiedegesenken
1956, 62 Seiten, 29 Abb., 8 Tabellen, DM 14,60

HEFT 286
Dr.-Ing. K. Lange, Hannover, Dipl.-Ing. H. Meinert, Osterode, unter Mitarbeit von Dr.-Ing. H. Arend, Mülheim (Ruhr)
Verschleißverhalten hartverchromter Schmiedegesenke
1956, 74 Seiten, 53 Abb., 6 Tabellen, DM 17,65

HEFT 287
Prof. Dr.-Ing. habil. K. Krekeler, Aachen
Änderungen der mechanischen Eigenschaftswerte thermoplastischer Kunststoffe bei Beanspruchung in verschiedenen Medien
1956, 62 Seiten, 23 Abb., 5 Tabellen, DM 13,70

HEFT 288
Dr. K. Brücker-Steinkuhl, Düsseldorf
Anwendung mathematisch-statischer Verfahren in der Industrie
1956, 103 Seiten, 27 Abb., 14 Tabellen, DM 24,20

HEFT 289
Prof. Dr.-Ing. H. Winterhager, Aachen
Kombinierter Widerstands- und Lichtbogen-Vakuumofen zur Verarbeitung von Titanschwamm
Prof. Dr. h. c. R. Schwarz, Aachen
Erforschung neuer Wege zur Darstellung von Titanmetall
in Vorbereitung

HEFT 290
Dr. D. Horstmann, Düsseldorf
I. Der verstärkte Angriff des Zinks auf Eisen im Temperaturgebiet um 500° C
II. Einfluß eines Antimongehaltes auf den Angriff von Zinkschmelzen auf Eisen
1956, 48 Seiten, 33 Abb., 3 Tabellen, DM 11,90

HEFT 291
Dr.-Ing. H. J. Wiester und Dr. D. Horstmann, Düsseldorf
Der Angriff eisengesättigter Zinkschmelzen auf silizium- und manganhaltiges Eisen
1956, 52 Seiten, 45 Abb., 8 Tabellen, DM 12,60

HEFT 292
Dipl.-Ing. W. Rohs und Text.-Ing. H. Griese, Bielefeld
Webversuche an Leinenwebstühlen mit verbesserter Schaftbewegung
1956, 34 Seiten, 3 Abb., 2 Tabellen, DM 7,60

HEFT 293
Prof. J. W. Korte, unter Mitarbeit von Dipl.-Ing. P. A. Mäcke und Dipl.-Ing. W. Leutzbach, Aachen
Die Leistungsfähigkeit von Verkehrsanlagen des motorisierten städtischen Straßenverkehrs
1956, 98 Seiten, 35 Abb., 5 Tabellen, 1 Falttafel, DM 22,50

HEFT 294
Dipl.-Ing. B. Naendorf, Essen
Untersuchungen industrieller Gasbrenner
1956, 58 Seiten, 6 Abb., 3 Tabellen, DM 12,40

HEFT 295
Prof. Dr.-Ing. H. Opitz und Dipl.-Ing. H. Axer, Aachen
Untersuchung und Weiterentwicklung neuartiger elektrischer Bearbeitungsverfahren
1956, 42 Seiten, 27 Abb., DM 10,30

HEFT 296
Prof. Dr.-Ing. H. Opitz, Aachen
I. Untersuchungen an elektronischen Regelantrieben
II. Statische Untersuchungen zur Ausnutzung von Drehbänken
1956, 46 Seiten, 18 Abb., DM 10,40

HEFT 297
Dr. K. Schaarwächter, Düsseldorf
Die Reduktion von Siliziumtetrachlorid im Lichtbogen zur nachfolgenden Silizierung von Eisenblechen
in Vorbereitung

HEFT 298
Prof. Dr.-Ing. E. Oehler, Aachen
Untersuchung von kritischen Drehzahlen, die durch Kreiselmomente verursacht werden
1956, 50 Seiten, 35 Abb., DM 13,15

HEFT 299
Dr. J. Fassbender und W. Hoppe, Bonn
Eine photoelektrische Nachlaufeinrichtung für Analogie-Rechenmaschinen
1956, 20 Seiten, 8 Abb., DM 7,65

HEFT 300
Prof. Dr. E. Schütz und Privatdozent Dr. H. Caspers, Münster
Tierexperimentelle Untersuchungen über die Alkoholwirkungen auf Erregbarkeit und bioelektrische Spontanaktivität der Hirnrinde
1956, 44 Seiten, 6 Abb., 1 Tabelle, DM 9,55

HEFT 301
Prof. Dr. W. Weltzien, Dr. G. Cossmann und P. Diehl, Krefeld
Über die fraktionierte Füllung von Polyamiden (II)
1956, 54 Seiten, 1 Abb., 16 Tabellen, DM 11,30

HEFT 302
Prof. Dr.-Ing. W. Wegener und Dipl.-Ing. Willi Zahn, Aachen
Untersuchungen von gesponnenen Garnen auf ihre Gleichmäßigkeit nach verschiedenen Meßmethoden
in Vorbereitung

HEFT 303
Prof. Dr.-Ing. S. Kiesskalt, Aachen
Das Institut der Forschungsgesellschaft Verfahrenstechnik e. V. an der Technischen Hochschule Aachen
1956, 76 Seiten, 20 Abb., 3 Tabellen, DM 16,40

HEFT 304
Prof. Dr.-Ing. K. Krekeler, Düsseldorf, und Dipl.-Ing. A. Kleine-Albers, Aachen
Beitrag zur thermoelastischen Warmformbarkeit von Hart PVC
in Vorbereitung

HEFT 305
Prof. Dr.-Ing. K. Krekeler, Düsseldorf, Dr.-Ing. H. Peukert, Aachen, und Dipl.-Ing. W. Schmitz, Siegburg
Heißgas-Schweißung von Hart-Polyvinylchlorid mit Zusatzwerkstoff
1956, 44 Seiten, 27 Abb., 5 Tabellen, DM 12,50

HEFT 306
Prof. Dr. B. Rensch, Münster
Elektrophysiologische Untersuchungen zur Analysierung der Bildung von Assoziationen und Gedächtnisspuren in Gehirn und Rückenmark
Prof. Dr. A. Loeser, Münster
Akute und chronische Giftwirkungen sauerstoffhaltiger Lösungsmittel
1956, 36 Seiten, 9 Abb., DM 8,90

HEFT 307
Privatdozent Dr. J. Juilfs, Krefeld
Vergleichende Untersuchungen zur elastischen und bleibenden Dehnung von Fasern
1956, 36 Seiten, 11 Abb., DM 8,30

HEFT 308
Privatdozent Dr. J. Juilfs, Krefeld
Zur Messung der Fadenglätte
1956, 22 Seiten, 10 Abb., 2 Tabellen, DM 8,—

HEFT 309
Prof. Dr. K. Cruse und Mitarbeiter, Clausthal-Zellerfeld
Aufbau und Arbeitsweise eines universell verwendbaren Hochfrequenz-Titrationsgerätes
1957, 48 Seiten, 29 Abb., DM 11,90

HEFT 310
Dr. P. F. Müller, Bonn
Die Integrieranlage des Rheinisch-Westfälischen Instituts für Instrumentelle Mathematik in Bonn
1956, 62 Seiten, 6 Abb., 30 Satzskizzen, DM 14,45

HEFT 311
Prof. Dr. F. Wever und Dr. M. Hempel, Düsseldorf
Dauerschwingfestigkeit von Stählen bei erhöhten Temperaturen
Teil I: Erkenntnisse aus bisherigen Dauerschwingversuchen in der Wärme
1956, 48 Seiten, 19 Abb., 2 Tabellen, DM 10,90

HEFT 312
Prof. Dr. F. Wever und Dr. M. Hempel, Düsseldorf
Dauerschwingfestigkeit von Stählen bei erhöhten Temperaturen
Teil II: Zug-Druck-Dauerschwingversuche an zwei warmfesten Stählen bei Temperaturen von 500 bis 650°
1956, 48 Seiten, 20 Abb., 3 Tabellen, DM 11,80

HEFT 313
*Prof. Dr. F. Wever, Dr. W. Koch und
Dipl.-Phys. H. Rohde, Düsseldorf*
Änderungen des Habitus und der Gitterkonstanten des Zementits in Chromstählen bei verschiedenen Wärmebehandlungen
1956, 88 Seiten, 29 Abb., 8 Tabellen, DM 20,90

HEFT 314
Prof. Dr. F. Wever und Dr.-Ing. A. Krisch, Düsseldorf, und Dr.-Ing. H.-J. Wiester, Essen
Veränderungen im Gefügeaufbau von Chrom-Nickel-Molybdän-Stählen bei langzeitiger Beanspruchung im Zeitstandversuch bei 500°
1956, 48 Seiten, 26 Abb., 5 Tabellen, DM 11,70

HEFT 315
Prof. Dr. F. Wever und Dr.-Ing. A. Krisch, Düsseldorf
Metallkundliche Untersuchungen an Zeitstandproben
1956, 38 Seiten, 12 Abb., DM 9,15

HEFT 316
Dr. F. Keune, Aachen
Zusammenfassende Darstellung und Erweiterung des Aequivalenzsatzes für schallnahe Strömung
1956, 80 Seiten, 22 Abb., DM 17,90

HEFT 317
Dr.-Ing. J. Stelter, Aachen
Mikrobiologische Ultraschallwirkungen
in Vorbereitung

HEFT 318
Dipl.-Ing. H. Kickert, Aachen
Über die Ausbreitung von Ultraschall in Luft
in Vorbereitung

HEFT 319
Prof. Dr. C. Kröger, Aachen
Gemengereaktionen und Glasschmelze
in Vorbereitung

HEFT 320
Dr. H.-E. Caspary, Köln
Verwendung von Szintillationszählern anstelle von Zählrohren zur zerstörungsfreien Materialprüfung
1956, 42 Seiten, 13 Abb., 2 Tabellen, DM 10,10

HEFT 321
*Prof. Dr. F. Wever, Düsseldorf, und
Dr. W. Wepner, Köln*
Gleichzeitige Bestimmung kleiner Kohlenstoff- und Stickstoffgehalte im a-Eisen durch Dämpfungsmessung
1956, 30 Seiten, 3 Abb., 4 Tabellen, DM 6,80

HEFT 322
*Prof. Dr.-Ing. F. Bollenrath und
Dipl.-Ing. W. Domke, Aachen*
Eigenspannungen in vergüteten, dickwandigen Stahlzylindern nach Oberflächenhärtung mit induktiver Erwärmung
1956, 30 Seiten, 9 Abb., 2 Tabellen, DM 6,90

HEFT 323
Prof. Dr. R. Seyffert, Köln
Wege und Kosten der Distribution der Textilien, Schuh- und Lederwaren
1956, 98 Seiten, 37 Tabellen, 1 Falttaf., DM 12,—

HEFT 324
*Prof. Dr.-Ing. H. Opitz, Dr.-Ing. E. Saljé und
Dipl.-Ing. K. E. Schwartz, Aachen*
Richtwerte für das Außenrund-Längs- und Einstechschleifen
1956, 62 Seiten, 44 Abb., 2 Tabellen, DM 13,85

HEFT 325
Prof. Dr. E. Schratz, Münster
Pharmakognostische Untersuchungen am Medizinal-Rhabarber
in Vorbereitung

HEFT 326
Prof. Dr.-Ing. E. Essers und Mitarbeiter, Aachen
Deichselkräfte an Lastzügen
in Vorbereitung

HEFT 327
*Prof. Dr.-Ing. habil. K. Krekeler und
Dr.-Ing. H. Peukert, Aachen*
Beitrag zur thermoelastischen Formbarkeit von Polyäthylen
1956, 56 Seiten, 49 Abb, 9 Tabellen, DM 12,80

HEFT 328
Dr. H. Maeder, Belo Horizonte
Schweißen von Temperguß
in Vorbereitung

HEFT 329
*Dipl.-Ing. A. Krüger, Karlsruhe, und Feuerwehr-Ing.
R. Rausch, Dortmund*
Wasserzerstäubung im Strahlrohr
1956, 86 Seiten, 21 Abb., 3 Tabellen, DM 18,65

HEFT 330
Dipl.-Physiker E. Pepping, Aachen
Die Durchflußzahl des Rechteckschlitzes in einer sehr großen Wand
in Vorbereitung

HEFT 331
Dipl.-Ing. G. Bretschneider, Ruit
Die Messung der wiederkehrenden Spannung mit Hilfe des Netzmodelles
in Vorbereitung

HEFT 332
Prof. Dr.-Ing. R. Jaeckel und Dr. G. Reich, Bonn
Messung von Dampfdrucken im Gebiet unter 10^{-2} Torr
1956, 42 Seiten, 16 Abb., 2 Tabellen, DM 10,40

HEFT 333
*Prof. Dipl.-Ing. W. Sturtzel und
Dr.-Ing. W. Graff, Duisburg*
I. Der Flachwassereinfluß auf den Form- und Reibungswiderstand von Binnenschiffen
II. Der Flachwassereinfluß auf die Nachstrom- und Sogverhältnisse bei Binnenschiffen
1956, 44 Seiten, 14 Abb., DM 9,80

HEFT 334
Prof. Dr. W. Weizel und Dr. G. Meister, Bonn
Spektralanalyse durch Messung des Interferenz-Kontrastes
1956, 42 Seiten, DM 9,80

HEFT 335
Prof. Dr. W. Weizel und H. Hornberg, Bonn
Untersuchungen der anodischen Teile einer Glimmentladung
in Vorbereitung

HEFT 336
Dr. Tung-ping Yao, Aachen
Die Viskosität metallischer Schmelzen
in Vorbereitung

HEFT 337
Dr. R. Hoeppener und Dr. W. Bierther, Bonn
Tektonik und Lagstätten im Rheinischen Schiefergebirge
in Vorbereitung

HEFT 338
*Prof. Dr.-Ing. W. Wegener, Aachen, und
Dipl.-Ing. J. Schneider, M.-Gladbach*
Die Bedeutung der Knotenart für die Herabminderung der Fadenbrüche
1957, 40 Seiten, 6 Abb., DM 9,80

HEFT 339
*Prof. Dr.-Ing. W. Wegener und
Dipl.-Ing. W. Zahn, Aachen*
Vergleich der normalen mit verschiedenen abgekürzten Baumwollspinnverfahren in bezug auf Gleichmäßigkeit und Sortierungsstreuung der Garne
1956, 56 Seiten, 17 Abb., 17 Tabellen, DM 12,70

HEFT 340
Dipl.-Ing. W. Rohs und Dipl.-Ing. R. Otto, Bielefeld
Das Naßspinnen von Bastfasergarnen mit Spinnbadzusätzen unter Ausnutzung einer zentralen Spinnwasserversorgungsanlage
1956, 56 Seiten, 2 Abb., 6 Tabellen, DM 11,60

HEFT 341
Prof. Dr.-Ing. H. Winterhager und Dipl.-Ing. L. Werner, Aachen
Präzisions-Meßverfahren zur Bestimmung des elektrischen Leitvermögens geschmolzener Salze
1956, 44 Seiten, 19 Abb., 1 Tabelle, DM 10,60

HEFT 342
Prof. Dr.-Ing. H. Winterhager und Dipl.-Ing. W. Barthel, Aachen
Die Gewinnung von Titanschlackenkonzentraten aus eisenreichen Ilemniten
in Vorbereitung

HEFT 343
*Prof. Dr.-Ing. W. Petersen, Aachen, und Dipl.-Ing.
S. Wawroschek, Aachen*
Die zweckmäßigsten Gütebestimmungsverfahren und Brikettierungsbedingungen bei der Erzeugung von Braunkohlen-Eisenerz-Briketts
1956, 64 Seiten, 28 Abb., DM 13,95

HEFT 344
Prof. Dr.-Ing. W. Fucks, Aachen
Zur Deutung einfachster mathematischer Sprachcharakteristiken
1956, 38 Seiten, 12 Abb., DM 7,80

HEFT 345
Dipl.-Ing. G. Cerbe und Dipl.-Ing. H. Monstadt, Essen
Konvektive Trocknung mit gasbeheizter Luft und Trocknung durch Gasstrahler
in Vorbereitung

HEFT 346
Dipl.-Ing. O. Arnold, Aachen
Erfahrungen mit Kernbohrungen zur Lagerstättenuntersuchung im Erzbergbau
in Vorbereitung

HEFT 347
S. Ruff, F. Kipp, H. Hansteen und G. Müller, Bonn
Untersuchungen zur Frage der Gehörschädigungen des fliegenden Personals der Propellerflugzeuge
in Vorbereitung

HEFT 348
*Prof. Dr.-Ing. E. Piwowarsky
und Dr.-Ing. E. G. Nickel, Aachen*
Metallurgie eines hochwertigen Gußeisens mit kompakter bis kugelförmiger Graphitausbildung
in Vorbereitung

HEFT 349
*Dr.-Ing. W. A. Fischer, Dr.-Ing. H. Treppschuh
und Dr.-Ing. K. H. Köthemann, Düsseldorf*
Tiegel aus Schmelzmagnesia für Vakuuminduktionsöfen
in Vorbereitung

HEFT 350
*Prof. Dr.-Ing. habil. K. Krekeler
und Dr.-Ing. H. Peukert, Aachen*
Das Spannungsverhalten der Kunststoffe bei der Verarbeitung
in Vorbereitung

HEFT 351
*Prof. Dr.-Ing. H. Opitz, Dipl.-Ing. H. Axer und
Dipl.-Ing. H. Rhode, Aachen*
Zerspanbarkeit hochwarmfester und nichtrostender Stähle. Teil I
in Vorbereitung

HEFT 352
Dipl.-Ing. H. Fauser, Aachen
Fahrdynamik und Batterie-Arbeitsverbrauch von Akkumulatorenlokomotiven im Untertagebetrieb
in Vorbereitung

HEFT 353
Forschungsinstitut für Rationalisierung, Aachen
Schlagwortregister zur Rationalisierung
in Vorbereitung

HEFT 354
Dipl.-Ing. D. Wagener, Aachen
Auswirkungen neuer Gaserzeugungs-Verfahren unter Berücksichtigung der Auswirkung auf den Kokereibetrieb
in Vorbereitung

HEFT 355
*Prof. Dr.-Ing. habil. K. Krekeler, Dr.-Ing. H. Peukert und
Dipl.-Ing. A. Kleine-Albers, Aachen*
Heißgas-Schweißungen von Weich-Polyvinylchlorid mit Zusatzwerkstoff
in Vorbereitung

HEFT 356
Dipl.-Phys. G. Gurke, Aachen
Aufbau einer Meßanlage für Untersuchungen elektrischer Gasentladung im Bereiche großer p. d.-Werte
1956, 38 Seiten, 13 Abb., DM 8,65

HEFT 357
Prof. Dr.-Ing. W. Fucks, Aachen
Mathematische Analyse der Formalstruktur von Musik
in Vorbereitung

HEFT 358
Prof. Dr. rer. nat. W. Weltzien, Dipl.-Chem. P. Ringel und Text.-Ing. H. Kirchhoff, Krefeld
Die Waschechtheit von Färbungen. Vergleichende Untersuchungen auf dem Gebiete der Echtheitsprüfung
in Vorbereitung

HEFT 359
Dr.-Ing. F. J. Meister, Düsseldorf
Veränderung der Hörschärfe, Lautheitsempfindung und Sprachaufnahme während des Arbeitsprozesses bei Lärmarbeitern
in Vorbereitung

HEFT 360
Dr.-Ing. E. Barz, Remscheid
Fertigungsverfahren und Spannungsverlauf bei Kreissägeblättern für Holz
in Vorbereitung

HEFT 361
Dipl.-Ing. H. F. Klein, Aachen
Die nichtstationären Strömungsvorgänge und der Wärmeübergang in einem Schwingfeuergerät
in Vorbereitung

HEFT 362
*Prof. Dr. med. G. Lehmann und Dipl.-Phys.
D. Dieckmann, Dortmund*
Die Wirkung mechanischer Schwingungen (0,5 bis 100 Hertz) auf den Menschen
in Vorbereitung

WESTDEUTSCHER VERLAG · KÖLN UND OPLADEN

HEFT 363
Dr.-Ing. U. Domm, Frankenthal (Pfalz)
Über eine Hypothese, die den Mechanismus der Turbulenz-Entstehung betrifft
28 Seiten, 4 Abb., DM 6,45

HEFT 364
Prof. Dr. Th. Beste, Köln
Die Mehrkosten bei der Herstellung ungängiger Erzeugnisse im Vergleich zur Herstellung vereinheitlichter Erzeugnisse
in Vorbereitung

HEFT 365
Sozialforschungsstelle an der Universität Münster, Dortmund
Standort und Wohnort
in Vorbereitung

HEFT 366
Versuchsanstalt für Binnenschiffbau e. V., Duisburg
Bei Flachwasserfahrten durch die Strömungsverteilung am Boden und an den Seiten stattfindende Beeinflussung des Reibungswiderstandes von Schiffen
in Vorbereitung

HEFT 367
Dr. rer. nat. D. Horstmann, Düsseldorf
Der Angriff eisengesättigter Zinkschmelzen auf kohlenstoff-, schwefel- und phosphorhaltiges Eisen
in Vorbereitung

HEFT 368
Prof. Dr. phil. H. Kaiser, Dortmund
Entwicklung betriebsmäßiger spektrochemischer Analysenverfahren für technische Gläser
in Vorbereitung

HEFT 369
Prof. Dr.-Ing. R. Jaeckel und Dipl.-Phys. F. J. Schittko, Bonn
Gasabgabe von Werkstoffen ins Vakuum
in Vorbereitung

HEFT 370
Dr. phil. habil. F. Schwarz, Köln
Physikochemische Grundlagen der Bildsamkeit von Kalken unter Einbeziehung des Begriffes der aktiven Oberfläche
in Vorbereitung

HEFT 371
Dr. phil. W. Lejeune, Köln
Beitrag zur statistischen Verifikation der Minderheiten-Theorie
in Vorbereitung

HEFT 372
Prof. Dr. phil. M. von Stackelberg, Bonn
Untersuchungen zur Ausarbeitung und Verbesserung von polarographischen Analysenmethoden. 2. Bericht
in Vorbereitung

HEFT 373
Dipl.-Ing. H. J. Koch, Essen
Druckgasfeuerung — ein Verfahren zum Betrieb von Gasfeuerstätten
in Vorbereitung

HEFT 374
Dr. E. Paproth, Krefeld
Paläontologische Bearbeitung der in den devonischen Schichten des Siegerlandes enthaltenen Faunen
in Vorbereitung

HEFT 375
Technischer Überwachungsverein e. V., Essen
Wanddickenmessungen mittels radioaktiver Strahlen und Zählrohrgerät
in Vorbereitung

HEFT 376
Technischer Überwachungsverein e. V., Essen
Wasserumlaufprobleme an Hochdruckkesseln
in Vorbereitung

HEFT 377
Technischer Überwachungsverein e. V., Essen
Versuche an Wanderrostkesseln mit befeuchteter Verbrennungsluft
in Vorbereitung

HEFT 378
Oberingenieur H. Stein, M.-Gladbach
Beobachtung und maßtechnische Erfassung der Vorgänge im Spinn- und Aufwindefeld von Ringspinn- und Ringzwirnmaschinen
in Vorbereitung

HEFT 379
Laboratorium für textile Meßtechnik, M.-Gladbach
Schußfadenspannung beim Weben
in Vorbereitung

HEFT 380
Dipl.-Phys. R. Trappenberg, Karlsruhe
Theoretische und experimentelle Untersuchungen zur Staubverteilung einer Rauchfahne
in Vorbereitung

HEFT 381
Dr. J. Juils, Krefeld
Zur Dichtebestimmung von Fasern. Methoden und Beispiele der praktischen Anwendung
in Vorbereitung

HEFT 382
Dr. phil. habil. P. Hölemann, Ing. R. Hasselmann und Ing. G. Dix, Dortmund
Die Messung von Flammen und Detonationsgeschwindigkeiten bei der explosiven Zersetzung von Acetylen in Rohren
in Vorbereitung

HEFT 383
Dr. phil. habil. P. Hölemann und Ing. R. Hasselmann, Dortmund
Verlauf von Azetylenexplosionen in Rohren bei Gegenwart von porösen Massen
in Vorbereitung

HEFT 384
Prof. Dr.-Ing. H. Opitz, Aachen
Schwingungsuntersuchungen an Werkzeugmaschinen
in Vorbereitung

HEFT 385
Prof. Dr.-Ing. H. Opitz, Aachen
Zerspanbarkeit hochwarmfester und nichtrostender Stähle. Teil II
in Vorbereitung

HEFT 386
Prof. Dr.-Ing. H. Opitz, Aachen
Standzeituntersuchungen und Verschleißmessungen mit radioaktiven Isotopen
in Vorbereitung

HEFT 387
Prof. Dr. med. W. Kikuth und Dozent Dr. med. L. Grün, Düsseldorf
Die Verhütung von Infektion durch Desinfektion des Raumes und der Raumluft
in Vorbereitung

HEFT 388
Prof. Dr. rer. nat. habil. W. Baumeister und Dr. rer. nat. H. Burghardt, Münster
Die Bedeutung der Elemente Zink und Fluor für das Pflanzenwachstum
in Vorbereitung

HEFT 389
Prof. Dr.-Ing. habil. H. Fink und K. W. Hoppenhaus, Köln
Die biologische Eiweiß-Synthese von höheren und niederen Pilzen und die alimentäre Lebernekrose der Ratte
in Vorbereitung

HEFT 390
Dr. Ing. J. Endres und Dr.-Ing. G. Hiebel, München
Berechnung der optimalen Leistungen, Kraftstoffverbräuche und Wirkungsgrade von Luftfahrt-Gasturbinen-Triebwerken am Boden und in der Höhe bei Fluggeschwindigkeiten von 0—2000 km/h und bei vorgegebenen Düsenausströmgeschwindigkeiten
in Vorbereitung

HEFT 391
Prof. Dr. phil. F. Wever, Dr. phil. W. Koch und Dipl.-Chem. F. Stricker, Düsseldorf
Die quantitative spektrographische Analyse von Gasgemischen aus Kohlenmonoxyd, Wasserstoff und Stickstoff
in Vorbereitung

HEFT 392
Prof. Dr. phil. F. Wever u. a., Düsseldorf
Untersuchungen über den Konverterrauch im Hinblick auf die spektrale Überwachung des Thomasprozesses
in Vorbereitung

HEFT 393
Dr.-Ing. O. Viertel und S. Brückner-Lucas, Krefeld
Arbeitszeitstudien an Haushaltwaschmaschinen
in Vorbereitung

HEFT 394
Privatdozent Dr. med. W. Koch, Münster
Die Ablagerung radioaktiver Substanzen im Knochen
in Vorbereitung

HEFT 395
Dipl.-Ing. L. Hahn, Clausthal-Zellerfeld
Untersuchungen zur Frage des optimalen Bohrloch- und Patronendurchmessers
in Vorbereitung

HEFT 396
Prof. Dr.-Ing. F. Schultz-Grunow, Dr.-Ing. A. Jogerich, Essen, Dipl.-Ing. H. Meyer, cand. ing. P. Sand, Aachen
Untersuchungen des Luftwiderstandes von Güterwagen
in Vorbereitung

HEFT 397
Techn.-Wissenschaftliches Büro für die Bastfaserindustrie, Bielefeld
Ungleichmäßigkeiten in Bändern von Bastfaserkarden, ihre Ursachen und Auswirkungen
in Vorbereitung

HEFT 398
Prof. Dr. habil. H. E. Schwiete, Aachen, u. a.
Einlagerungsversuche an synthetischem Mullit I. — Die Zusammensetzung der Schmelzphase in Schamottesteinen I
in Vorbereitung

HEFT 399
Prof. Dr. habil. H. E. Schwiete und Dr.-Ing. R. Vinkeloe, Aachen
Möglichkeiten der quantitativen Mineralanalyse mit dem Zählrohrgerät unter besonderer Berücksichtigung der Mineralgehaltsbestimmung von Tonen
in Vorbereitung

HEFT 400
Prof. Dr. phil. W. Fuchs und Dipl.-Chem. H. Weyerstrass, Aachen
Entwicklung eines Heißfilters zur Reinigung von Gichtgas eines mit Kohle betriebenen Niederschachtofens
in Vorbereitung

HEFT 401
Prof. Dr.-Ing. M. Lipp und Dipl.-Chem. G. Frielingsdorf, Aachen
Darstellung reaktionsfähiger Verbindungen des Camphansystems und Versuche zu deren Fluorierung
in Vorbereitung

HEFT 402
Prof. Dr. W. Linke, Aachen
Die Wärmeübertragung durch Thermopane-Fenster
in Vorbereitung

HEFT 403
Prof. Dr.-Ing. P. Denzel und Dipl.-Ing. W. Cremer Aachen
Verbesserung der Benutzungsdauer der Höchstlast in ländlichen Netzen durch Anwendung elektrischer Geräte in der Landwirtschaft
in Vorbereitung

HEFT 404
Prof. Dr. R. Jaeckel und Dipl.-Phys. F. Gross, Bonn
Die Löslichkeit von Gasen in schwerflüchtigen organischen Flüssigkeiten
in Vorbereitung

HEFT 405
Prof. Dr.-Ing. H. Opitz und Dipl. Ing. H. Schuler, Aachen
Untersuchungen für einen Wirtschaftlichkeitsvergleich der Feinbearbeitungsverfahren
in Vorbereitung

HEFT 406
W. Kirsch, Remscheid
Entwicklungsarbeiten auf dem Gebiete des Korrosionsschutzes
in Vorbereitung

HEFT 407
Prof. Dr.-Ing. H. Schenk, Aachen und Dr.-Ing. W. Wenzel, Bad Godesberg
Entwicklungsarbeiten auf dem Gebiete der Verhüttung von Erzstaub in Schmelzkammern
in Vorbereitung

HEFT 408
Prof. Dr. phil. F. Wever, Dr.-Ing. W. Lueg und Dr.-Ing. H. G. Müller, Düsseldorf
Kraft- und Arbeitsbedarf beim Warmscheren von Stahl in Abhängigkeit von Temperatur und Schnittgeschwindigkeit
in Vorbereitung

WESTDEUTSCHER VERLAG · KÖLN UND OPLADEN

HEFT 409
Prof. Dr. phil. F. Wever, Dr. phil. W. Koch, Dr. rer. nat. Ch. Ilschner-Gensch und Dipl.-Phys. H. Rohde, Düsseldorf
Das Auftreten eines kubischen Nitrids in aluminiumlegierten Stählen
in Vorbereitung

HEFT 410
Prof. Dr. phil. F. Wever, Prof. Dr. rer. techn. A. Kochendörfer, Dr. phil. nat. M. Hempel, Düsseldorf und Dipl.-Phys. E. Hillenhagen, Köln
Biegewechselversuche mit Flachproben aus Alpha-Eisen-Einkristallen zur Bestimmung der Wechselfestigkeit und der Gleitspuren
in Vorbereitung

HEFT 411
Prof. Dr. W. Halbsguth und Dr. L. Sommer, Franfurt/M.
Grundlegende Versuche zur Keimungsphysiologie von Pilzsporen
in Vorbereitung

HEFT 412
Prof. Dr.-Ing. H. Opitz, Aachen
Kennwerte und Leistungsbedarf für Werkzeugmaschinengetriebe
in Vorbereitung

HEFT 413
Prof. Dr.-Ing. H. Opitz, Aachen
Richtwerte für das Fräsen von unlegierten und legierten Baustählen mit Hartmetall, Teil II
in Vorbereitung

HEFT 414
Dr. med. H. K. Parchwitz und Dr. med. C. Winkler, Bonn
Speicherung organischer Farbstoffe und künstlich radioaktiver Substanzen in Geschwülsten
in Vorbereitung

HEFT 415
Prof. Dr.-Ing. W. Paul, Dr. rer. nat. O. Osberghaus und Dipl.-Phys. E. Fischer, Bonn
Ein Ionenkäfig
in Vorbereitung

HEFT 416
Oberreg.-Gewerberat Dipl.-Ing. G. Steinicke, Hamburg
Die Wirkung von Lärm auf den Schlaf des Menschen
in Vorbereitung

HEFT 417
Prof. Dr.-Ing. habil. E. Rößger, Berlin
I. Teil: Die Entwicklung des Weltluftverkehrs, Ergänzungsbericht 1954
II. Teil: Die zivile Luftfahrtpolitik der USA
in Vorbereitung

HEFT 418
O. Gdaniec, Mülheim/Ruhr
Über die Randlochkarte als Hilfsmittel in der Dokumentation
in Vorbereitung

HEFT 419
K. Brooks
Die Messungen der Reflexionseigenschaften künstlicher und natürlicher Materialien mit quasi-optischen Methoden bei Mikrowellen
in Vorbereitung

HEFT 420
M. Vogel
Das Spektralgebiet zwischen dem langwelligen Ultrarot und Mikrowellen
in Vorbereitung

HEFT 421
ORR Dipl.-Volkswirt Dr. H. Rogmann, Düsseldorf
Die Erforschung der Verkehrskonjunktur und der langzeitigen Dynamik in der Verkehrswirtschaft (Zusammenfassung der eingegangenen Stellungnahmen und Vorschläge)
in Vorbereitung

WESTDEUTSCHER VERLAG · KÖLN UND OPLADEN

If you have any concerns about our products,
you can contact us on
ProductSafety@springernature.com

In case Publisher is established outside the EU,
the EU authorized representative is:
**Springer Nature Customer Service Center GmbH
Europaplatz 3, 69115 Heidelberg, Germany**

Printed by Libri Plureos GmbH
in Hamburg, Germany